図解 よくわかる
住宅火災の消火・避難・防火

東京理科大学大学院
国際火災科学研究科教授　小林恭一／住宅防火研究会 [著]

日刊工業新聞社

はじめに

　新聞には毎日のように、住宅火災でお年寄りが亡くなったという記事が出ています。日本社会の高齢化が年々進んでいることは日頃実感しているところですが、高齢化が進むと火災により亡くなる高齢者数が増加するのは当然で、今後激増するのではないか、と予測する専門家もいます[1]。

　このため、国や消防機関では、各種の住宅火災防止対策を推進し、様々な住宅防火キャンペーンやイベントなどを実践しています。私たちは、それらの住宅防火対策を実践すべきことはもちろんですが、さらに一歩踏み込んで、住宅火災についてのちょっとした知識を知っておくと、家庭の火災リスクをずっと減らすことができます。

　最近の住宅火災はどのような原因で起こることが多いのか、どんなものにどういう状況で火が着くのか、それを防ぐにはどうすればよいのか、高齢者特有の生活スタイルが火災の発生に大きく関係しているのではないか、などということを知ることは、火災を起こさないためにとても大切なことです。

　また、火災が発生してしまったら、どうやって消火するのか、消火に見切りをつけて避難するタイミングはどうするのか、マンションなどでは避難の方法や避難経路はどうなっているのか、ということも、知っているつもりで本当は知らない方が多いと思います。

　火災が起きているのを見つけたらまず119番、というのは常識ですが、消防の指令システムを知っておくと、要領よく通報できます。

　また、日本の場合は、大地震の際に火災が発生して大きな市街地火災に発展してしまうことが多いのですが、それはなぜなのか、どうすればよいのか、ということも、最近大地震が頻発していることを考えると、

---

[1] 辻本誠、火災の科学〜火事の仕組みと防ぎ方、中公新書ラクレ

日本人には不可欠な知識です。

　前著、「図解よくわかる火災と消火・防火のメカニズム」では、「火がなぜ燃えるのか」という基本中の基本から一般的な火災・消火・防火のメカニズムを解説し、幅広く多くの知識を取り上げました。その中で、住宅火災については第6章で部分的に取り上げる形になりましたが、戸建て住宅や共同住宅の火災は、私たちに一番身近で、火災の約半数を占め、死傷者も多く出る火災です。

　そこで、この本では、"住宅火災"にテーマを絞り、住宅火災が起こる原因と被害に結びつく経路、そのいろいろな実態について解説し、そこから、誰でもできる消火・避難・防火対策を中心に、消火設備、避難経路などを図や写真でわかりやすく解説することにしました。本書が住宅火災の防止と火災による被害の軽減に少しでも役立てば幸いです。

平成29年9月
　　東京理科大学大学院　国際火災科学研究科教授　博士（工学）　小林　恭一

CONTENTS

はじめに …………………………………………………………… 1

第 1 章　住宅火災が起こる原因　9

1　住宅火災が起こる原因は？ ………………………………… 10

2　火災原因はどう変化してきたのだろう ……………………… 12

3　たばこの消費量とたばこ火災 ……………………………… 14

4　多くの国で火災原因の1位・2位になる放火火災 ………… 16

5　コンロ火災は、一時期急増するが、最近は急減 ………… 18

6　電気火災は、規制の厳しさ、緩さで件数が増減 ………… 20

7　エアコンや安全装置の普及で減少したストーブ火災 ……… 22

8　火遊び・たき火・風呂かまどによる火災 ………………… 23

9　住宅火災の危険性のメカニズム ………………………… 25

第 2 章　統計でみる住宅火災の現況　29

1　住宅及び共同住宅は増加、空き家も増えている ………… 30

2　高齢者人口の増加によって増える高齢者住宅 …………… 33

3　住宅火災は毎年減少しているが死者は多い ……………… 36

4　火災による死者は住宅火災によるものが最も多い ………… 40

5　戸建住宅は火災危険が高いのか？ ……………………… 41

6　住宅火災の死者発生率は他の用途と比較してなぜ高いのか ……… 43

第3章　注意すべき高齢者住宅の火災　47

1　火災が発生すると高齢者ほど死亡する危険性が高い ……………… 48
2　住宅防火対策推進に係る基本方針と住宅用火災警報器の設置義務づけ …… 50
3　住宅用火災警報器は高齢者にも効果大だった ……………………… 52
4　高齢者数の急増が脅威になる ………………………………………… 55
5　住宅火災で高齢者はどうやって亡くなるのか ……………………… 57
6　高齢者特有の生活スタイルが火災死につながっている …………… 59

第4章　もし火災が起きてしまったら？　63

1　火災を発見した時はどうするか？ …………………………………… 64
2　119番通報についての誤解 …………………………………………… 66
3　119番通報の方法について …………………………………………… 69
4　初期消火をするのか、逃げるのか …………………………………… 72
5　住宅火災用の消火設備と消火方法 …………………………………… 75
6　ふすまや障子・板壁などが燃えたとき ……………………………… 79
7　電気器具が燃えたとき ………………………………………………… 80
8　てんぷら油が燃えたとき ……………………………………………… 81
9　灯油ストーブが燃えたとき …………………………………………… 83
10　初期消火時に注意すべき７つのポイント …………………………… 85

CONTENTS

第 5 章　住宅火災における避難のポイントは？　87

1 避難はいつ開始したらよいか？ ……………………………………… 88
2 避難するときは必ず戸を閉める ……………………………………… 89
3 避難するときの姿勢はできるだけ低く ………………………………… 90
4 火災の煙の怖さを知る ………………………………………………… 91
5 一度避難したら絶対に引き返さない …………………………………… 94
6 どのように避難したらよいのか5つのポイント ……………………… 95
7 バルコニーを経由した避難 …………………………………………… 98
8 最後の手段として篭城（ろうじょう）も考える ……………………… 99
9 避難時に注意しなければいけない6つの点 …………………………… 100
10 避難しやすく助けやすい1階に寝室を設ける ………………………… 102

第 6 章　住宅火災から命を守る15のポイント　103

1 高齢者を火災から守るためには？ …………………………………… 104
2 住宅の不燃化を促進する（内装の不燃化を含む） …………………… 106
3 住宅における裸火の使用を抑制する ………………………………… 107
4 可燃物や洗濯物等を火気使用器具等の付近や上部に置かない ……… 108
5 ガスコンロ等を使用中にその場を離れないこと。
　もし離れる場合は、火を消してから離れること ……………………… 109
6 自動消火装置設置型の火気使用設備器具 …………………………… 110

5

7 寝たばこは絶対にしない、させない ……………………………111

8 消防訓練等に参加し、消火器具の使用方法を習得しておく …………112

9 スプレー式消火器や住宅用警報器の設置 …………………………………113

10 車椅子型避難器具（車椅子ごと2階又は3階のベランダ及び窓から
避難できる器具）などを準備する ………………………………………115

11 車椅子利用者等が火災時に安全に使えるエレベーター ………………116

12 防炎物品及び防炎製品（防炎寝具類）等を使う …………………………118

13 住宅用スプリンクラー（SP）を設置しよう …………………………119

14 隣近所で助け合おう　日頃から準備しておくことが大切 …………120

15 一人暮らしの家庭への定期訪問など ……………………………………121

第 **7** 章　もし大地震が起きた場合はどうするか？　123

1 大地震で市街地大火が起こる。地震だ！　火を消せ！ …………………124

2 大火を防ぐ防火木造とはどんなものか？ …………………………………125

3 防火木造と消防力で市街地大火を防ぐ戦略の成功と失敗 …………127

4 地震だ！　火を消せ！　はマンションでも大切 ……………………129

5 地震で火災を発生させないために
①火を使用していた場合は？ ……………………………………………130

6 地震で火災を発生させないために
②人がいないところで発生する火災が恐い ……………………………132

7 地震で火災を発生させないために
③通電火災を防ぐ …………………………………………………………133

| 8 | 地震で火災を発生させないために
④事前の備え ……………………………………………………… 135 |

| 9 | 地震で火災を発生させないために
⑤万一、火災になってしまった場合は？ …………………………… 137 |

付 録　火はなぜ燃えるのだろう？　139

1	モノが燃えるために必要な３つの条件 …………………………… 140
2	燃焼に必要不可欠な可燃物とはどんなものか？ ………………… 142
3	燃焼に必要不可欠な酸素とはどんなもの？ ……………………… 144
4	燃焼に必要不可欠な熱源・点火エネルギーとは？ ……………… 145
5	連鎖反応によって燃焼は継続していく …………………………… 148
6	燃焼がコントロールできなくなると"火災"になる ………………… 150
7	では、火災になった時、火はどうすれば消えるのか ……………… 152
8	ほとんどの火は、水で消せる！ …………………………………… 154

おわりに ……………………………………………………………………… 156

第 1 章
住宅火災が起こる原因

1 住宅火災が起こる原因は？

　住宅火災における出火原因の現況は**図表1-1**のとおりです。平成27年中の火災原因のトップはコンロ2,304件（19%）で、第2位はたばこ1,517件（12.5%）、第3位は放火995件（8.2%）の順となっています。「放火の疑い」が469件あり、これを足すと1,464件になりますが、やはり3位のままです。住宅では、料理などを行うので、火気を用いる調理器具を使用することが多いため、その代表であるコンロによる火災が出火原因のトップになっていると考えられます。

　住宅に限ることなく、建物火災全体における出火原因を見てみても、トップはコンロ3,421件（15.4%）で、第2位はたばこ2,200件（9.9%）、第3位は放火1,848件（8.3%）の順となっており、建物火災と住宅火災の出火原因は同じ傾向を示しています。これは、建物火災の半分以上が住宅火災であるためです。

　一方、林野火災なども含めた「全火災」についてはどうでしょう？平成27年中に発生した火災の中で、火災原因のトップは放火4,033件（10.3%）で、次にたばこ3,638件（9.3%）、第3位がコンロ3,497件（8.9%）の順になっています（**図表1-2**参照）。

POINT

　住宅火災における出火原因は「コンロ」そして「たばこ」とつづく。

第１章　住宅火災が起こる原因

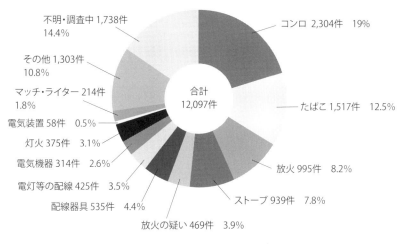

出典：平成27年中：総務省消防庁調べ

図表1-1　住宅火災の出火原因

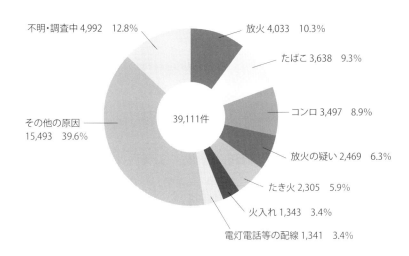

出典：平成27年中：総務省消防庁調べ

図表1-2　全火災の出火原因

2 火災原因はどう変化してきたのだろう

　図表1-3は、林野火災なども含めた全火災の主な火災原因の推移を、昭和30年〜平成26年の60年間で見たものです。平成元年までは、5年ごとに平均した値で示していますので、少しデフォルメされていることにご注意ください。

　これを見ると、次のようなことがわかります。

①たばこによる火災は昭和35年頃から昭和50年代前半まではトップでしたが、昭和50年前後から減り始め、平成に入ると一時増加に転じますが、平成7年から再び減り始め、平成14年頃から急減しています。

②放火（疑いを含む）は、昭和30年以降急増を続け、昭和50年代前半にトップを奪うと、現在まで圧倒的にトップを続けています。ただし、平成14年頃から急減しています。

③コンロ火災は、昭和の時代は急増しますが、平成に入ると横ばいを続けます。他の火災が減る中で一時は2位になったこともありますが、平成20年以降急減しています。

④電気火災（ここでは、図表1-1の火災原因のうち、配線器具、電灯等の配線、電気機器及び電気装置による火災を合計したものとしている。以下同じ）は、他の火災が減る中で平成6年以降唯一増加傾向にあります。

POINT

　住宅火災の原因は年とともに変化してきている。その原因をよく知り対策をたてることが必要。

第1章 住宅火災が起こる原因

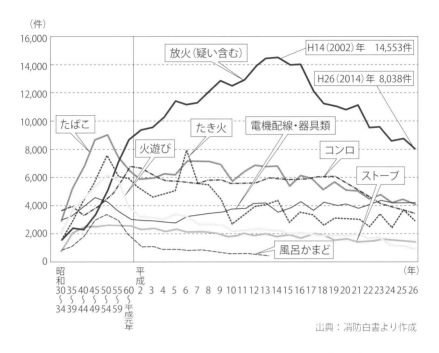

図表1-3　火災原因の推移（S30年（1955）～H26年（2014））

⑤ストーブ火災は長期的に減少傾向にあります。
⑥たき火、火遊び、風呂かまどによる火災も長期的に減少傾向にあります。

3 たばこの消費量とたばこ火災

　たばこ火災が昭和50年前後から減り始めているのは、たばこの消費量が減ったからではないか、と考えたくなりますが、そうでもありません。

　図表1-4は、火災件数の推移と紙巻きたばこの販売本数の推移を合わせて見たものです。昭和50年前後にたばこ消費量の急速な伸びは落ち着きますが、依然として増加傾向にあり、この時期にたばこ火災件数が急減したこととは一致しません。たばこの消費量が減るのは平成9年頃

図表1-4　たばこによる火災件数と紙巻きたばこの消費量の推移
昭和30年（1955）〜平成26年（2014）

POINT

マナーの向上などがたばこ火災の減少につながったのでないか。

からです。この時期はたばこ火災が再び減り始めた頃と重なりますので、たばこ火災の第二期減少期の大きな理由の一つにはなっていると考えられます。

　昭和55年前後にたばこ火災が減った理由はよくわかりません。ただ、この時代は、昭和40年代末期のオイルショックを契機にそれまで右肩上がりで高度経済成長を続けて来た日本の国が、成熟社会に軌道変更を余儀なくされた時期に当たります。社会経済の多くの指標がこの時期を境に急変しており、火災件数など火災関係の多くの指標もこの時期に急変しています。私は、勢いに任せて成長して来た国が少し落ち着いた国に変化したため、「ポイ捨てをしない」など社会的なマナーと直結するたばこ火災にもその影響が現れたのではないか、と考えています。

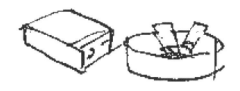

4 多くの国で火災原因の1位・2位になる放火火災

　放火火災は多くの国で火災原因の1、2位を争っており、日本も例外ではありません。放火には、憂さ晴らしのための八つ当たり的な放火、放火することによって快感を得る病的な人による連続放火、恨みや怨恨による放火、火災保険目当ての放火、犯罪の証拠隠滅のための放火、騒乱や社会混乱を狙った放火など、様々なタイプがあり、社会が混乱していても落ち着いていても、経済成長率が高くても低くても、放火の動機はそれなりに存在し、なくなることはないように見えます。

　日本社会のストレスが年々強くなっているためか、消防や警察などの努力にもかかわらず毎年増加して来た放火ですが、平成14年（2002）頃から急減しました。なぜでしょうか？

POINT

　放火は、どこの国でも上位にくる火災原因だが、日本では今世紀に入ると減少している。

第1章　住宅火災が起こる原因

　図表1-5は、犯罪白書の窃盗件数の推移です。放火と同じ時期に急減していますね。同じ時期に検挙率も上がり始めています。これについて警察庁では「防犯カメラなど官民あげた取り組みが奏功した」と分析しています。防犯カメラは2002年に新宿歌舞伎町に50台設置して以降急増するようになり、現在は全国で300万台以上設置されているなどと言われています。

　「防犯カメラが見張っているかも知れない」という警戒心が抑止力になって放火が減った、いうのは有力な仮説になりそうです。

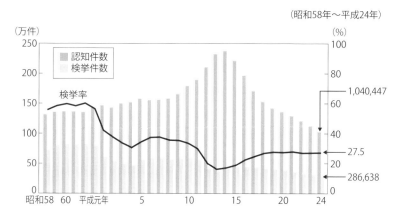

図表1-5　窃盗 認知件数・検挙件数・検挙率の推移

5 コンロ火災は、一時期急増するが、最近は急減

　コンロ火災の多数を占めるのは天ぷら油火災（揚げ物火災）です（81ページ参照）。揚げ物火災は昭和の時代に急増しますが、これは冷凍食品が急速に普及したためだと言われています。揚げ物は、以前は夕食の主役であり、朝食や昼食にはあまり作られなかったのですが、冷凍食品が普及すると、衣をつけた食材が準備されているため、夕食以外の時にも気軽に作られるようになりました。その結果、揚げ物をしている最中に、電話がかかってきたとか配達の人が来たとかでその場を離れる機会

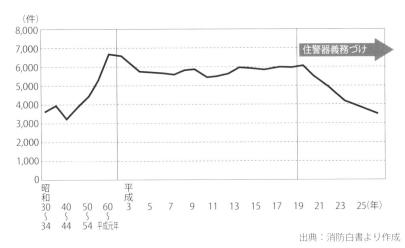

出典：消防白書より作成

図表1-6　コンロによる火災件数の推移
昭和30年（1955）〜平成26年（2014）

POINT

　平成18年、全住戸に住宅用火災警報器の設置が義務づけられ急減した。

が増え、揚げ物火災も増えた、というわけです。

　ところが、平成の時代に入ると、揚げ物火災は減少傾向になります。これは、社会が変化して夕食にそろって食卓を囲む家庭が減り、揚げ物の機会も減ったためではないか、子供の数が減る一方給食の体制が整いお弁当に入れるために揚げ物をすることが減ったためではないか、いや、揚げ物火災防止装置付きのコンロが普及したためではないか、など様々な仮説がありますが、どれも一理ありそうです。

　平成20年以降、コンロ火災がさらに急減していますが、その理由はハッキリしています。平成18年以降、全住戸に住宅用火災警報器の設置が義務づけられ、既存の古い住宅にも順次住宅用火災警報器が設置されるようになったためです。

　住宅用火災警報器が設置されると、揚げ物をしている途中で調理台を離れたため油が過熱した、などという段階で警報が鳴りますので、あわてて調理台に戻り事なきを得た、などということが多くなります。その段階で措置すれば火災ではありませんから、消防への通報も必要ありません。その結果、住宅用火災警報器が普及すると揚げ物火災は減る、ということが起こるのです。同じ時期にストーブ火災やたばこ火災も減少傾向が強まっていますが、これも同様の理由だと考えられます。

6 電気火災は、規制の厳しさ、緩さで件数が増減

　電気火災は、先進国でも発展途上国でも、火災原因のトップを放火などと争っていますが、日本は、長く電気火災が比較的少ない例外的な国でした。

　図表1-7で電気火災の発生件数の推移を見ると、昭和49年頃をピークに平成5年頃まで減少し、それ以降増加傾向を続けるという特異な推移を見せています。平成26年には、急減して来たたばこ火災を抜いて第2位になり、平成27年には4,232件対3,638件と、さらにその差を広げて

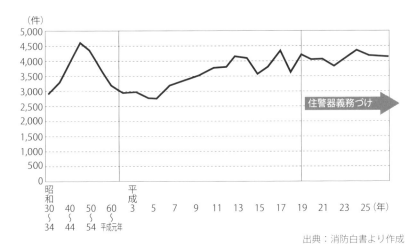

出典：消防白書より作成

図表1-7　電気配線・機具類による火災件数の推移
昭和30年（1955）〜平成26年（2014）

POINT

　日本は、規制が厳しいため他の国に比べて例外的に電気火災が少なかったが、輸入品の増加などによって件数が増えている。

います。日本も、電気火災の位置づけが世界の他の国と同じようになってきたと言えそうです。

先進国で電気火災が多いのは、電気の使用量が多いためです。一方、発展途上国で電気火災が多いのは、電気工事が粗雑で漏電や短絡が起こりやすいためと、電気製品の質が悪く火災を起こしやすいものが多いためです。いずれも電気の使用量が増えると電気火災も増える、という傾向があります。

日本は電気の使用量が増えても電気火災が増えず、その件数も少ない例外的な国でした。その理由は、規制が厳しいためです。電気工事は資格を持った人が行わなければなりませんし、電気製品にも火災を起こさないための厳しい基準がありました。家庭で普通に使う電気の電圧が100ボルトであることも、200ボルト以上の国が多いのに比べると、出火防止には有効です。

でも、昭和の時代の末期頃から始まった規制緩和がその条件を少しずつ崩して来ました。電気製品の規制が厳しすぎると輸入が増えないため、細かい規制がなくなって抽象的な規定になり、平成13年（2001年）には、電気用品取締法がより取り締まり色を薄めた電気用品安全法に改正されました。これらの結果、電気製品の多くは発展途上国から輸入されるようになりました。もちろん、現地の製品がそのまま輸入される訳ではなく日本の規格と品質管理に合格したものが輸入されるので、粗悪品が国内に蔓延しているわけではないと思いますが、ちょうど規制緩和を始めた頃から電気火災も増えているのが気になるところです。

電気配線が劣化する可能性の高い古い住宅のストックが増えているのも気になります。その結果、漏電や短絡など火災に繋がる事故が増えやすくなっているのではないかと考えられるからです。

いずれにしろ、電気火災はとうとう火災原因の第2位になりました。日本でも、使う人が電気火災の防止に気を使わなければならなくなってきたのです。

7 エアコンや安全装置の普及で減少したストーブ火災

　ストーブ火災は、昭和50年代前半以降、漸減傾向を続けています。かつて多かった裸火を露出するタイプのストーブが、FF方式や温風暖房機などの安全なタイプに変わっていったこと、耐震自動消火装置などの安全装置が普及したこと、暖房にもエアコンを用いる家庭が増えたことなどが、減少の大きな要因です。

　一方で、貧困層が増えて、冬期の暖房には安価なストーブ（裸火が露出している灯油ストーブや、ニクロム線が露出している旧来タイプの電気ストーブなど）を用いる人々も少なからずいるようです。お年寄りも、こうした古いタイプのストーブを使い続けることが多いと言われています。ストーブ火災の長期漸減傾向は、これらの要因が合成された結果ではないかと考えています。

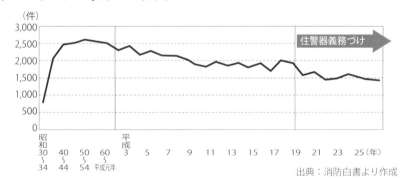

図表1-8　ストーブによる火災件数の推移
昭和30年（1955）〜平成26年（2014）

POINT

　社会状況の変化で、ストーブ火災は減ってきているが高齢者では、まだ昔のストーブを使う人も多く注意が必要。

8 火遊び・たき火・風呂かまどによる火災

　火遊びによる火災は、昭和55年頃を境に急減し、その後も着実に減少しています。少子化で子供の数が少なくなったためだろうと単純に考えがちですが、少子化により子供たちの行動に大人の目が行き届くようになったこと、喫煙者の減少や自動着火式の火気使用器具の普及などにより、身の回りにマッチやライターがなくなってきたことなども大きいのではないかと思います。

　たき火による火災は、平成7年頃から急に減少しています。この頃、阪神・淡路大震災で生じた大量の瓦礫を野焼きで処理するとダイオキシンが発生する可能性が高いという学説が発表されたことから、たき火をすると残留農薬が熱化学反応を起こしてダイオキシンが発生する可能性が

POINT

　それぞれの火災は、社会状況の変化や器機の進化により、だいぶ減ってきている。

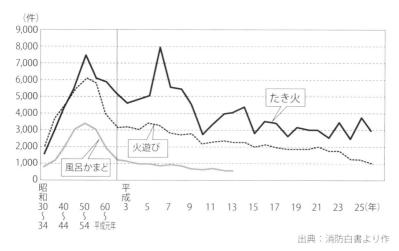

出典：消防白書より作

**図表1-9　火遊び・たき火・風呂かまどによる火災件数の推移
昭和30年（1955）～平成26年（2014）**

ある、などという報道が盛んに行われました。それ以前から、隣家のたき火の煤で洗濯物が汚れたなどのトラブルも報道されており、都会ではたき火をしにくい雰囲気になっていたところにダイオキシン騒ぎがおきたため、「それなら落葉を集めても、たき火などせずにゴミとして出そう」などという風潮に一気に変わっていきました。こうしてたき火をする機会がめっきり減ったため、たき火による火災も減ることになりました。

　また、風呂かまどによる火災は、かまど（風呂釜）で風呂を炊いていた時代に多かったもので、水が入っていない状態で風呂を沸かし空だき状態になって周囲に燃え移る火災です。この火災は、風呂のかまどに空だき防止装置が付置されるようになったため昭和55年（1980）頃から急減し、そのうちにボイラーで沸かして給湯するタイプの風呂が多くなってかまど付きの風呂が減少したことから、21世紀に入った頃、消防白書の火災原因ランキングから姿を消してしまいました。

住宅火災の危険性のメカニズム

①住宅火災の特徴について

　これまでに、住宅火災の発生する状況を見てきましたが、住宅火災の特徴は以下のように整理できます。
（1）　たばこや火気使用設備器具などの裸火からの出火が多いこと。
（2）　住宅火災による死者は逃げ遅れた人が多いこと。
（3）　住宅火災による死者は高齢者が多いこと。
（4）　住宅火災は活動時間帯の方が多く発生していますが、火災による死者は就寝時間帯の方が多く発生していること（38・39ページ参照）。

②住宅火災の危険性のメカニズム

　上の特徴を踏まえて、どのように住宅火災が発生し、延焼拡大して、火災による死者を発生させてしまうのか、そのメカニズムについて考えてみましょう。
（1）　住宅では、料理のためにガスこんろ等を使用したり、暖房用に灯油スストーブを使ったり、家人がたばこを吸ったりするなど裸火を使用するケースが多いので、ヒューマンエラー等によって火災を発生させてしまう出火の危険性が高いと言えます。

→ 出火の危険性が高い

POINT

　住宅火災には特に注意を要する4つのポイントがある。

(2) 日本の一戸建ての住宅の約6割は木造建築物で、また、住宅内には、狭いところに可燃性物品や衣類・寝具類等が多く収容されているので、火が周囲の可燃性物品、布団、衣類等に着火する危険性が高いと言えます。　　　　　　　　　　　　　→ 着火危険性が高い

第1章　住宅火災が起こる原因

(3)　一戸建て住宅には、消防法による消火器、屋内消火栓、スプリンクラーなどの消火設備の設置義務がかからないため、一度出火すると消火する手段がなく、初期消火できない危険性が高いと言えます。

→ 初期消火できない危険性が高い

(4)　一戸建て住宅には、居室の内装に不燃材料等を用いたり、部屋と部屋を耐火構造の壁や防火戸で仕切ったりする建築基準法の規制がかからないため、延焼拡大する危険性が高いと言えます。

→ 延焼拡大の危険性が高い

(5)　住宅には、高齢者、障がい者、乳幼児など火災時に避難が困難な人たちも住んでおり、夜には就寝します。最近では高齢者が急増し、寝たきりのお年寄りも増えています。それなのに、廊下や階段の内装不燃化の義務付け、複数階段の設置義務付け、階段を火煙から守る防火区画の義務付けなどの建築基準法の規制がかかりませんし、通報、消火、避難の訓練の義務付けなど消防法による規制もかかりませんので、特に夜間などに火災が発生すると、逃げ遅れる危険性が高いと言えます。

→ 逃げ遅れの危険性が高い

　以上の点を踏まえると、日本の住宅火災は、「燃えやすく狭い一戸建ての木造住宅に、高齢者や自力避難困難者が居住しており、コンロ、ストーブ、たばこなどの裸火が、周囲の可燃物や衣類、布団などに着火して出火し、燃え易い収容物や内装に延焼して燃え広がり、高齢者などの自力避難困難者が逃げ遅れて、火災の犠牲となってしまう」という危険性を持っていると考えられます。

第 2 章
統計でみる住宅火災の現況

住宅及び共同住宅は増加、空き家も増えている

　住宅火災の起こり方は、戸建て住宅か共同住宅か、木造か耐火構造か、などによって大きく違います。また、住宅火災による被害は、住んでいる人が高齢者なのか乳幼児も一緒にいるのか、などによっても違います。まず、それらの状況を見てみましょう。

①住宅総数とその推移

　我が国の住宅の総数は、総務省統計局の平成25年住宅・土地統計調査によると、平成25年10月1日現在で、6,063万戸、総世帯数は5,246万世帯となっています。**図表2-1**に総住宅数とその推移を示しました。住宅数は年々増加する傾向にあり、昭和38年と比較すると、約3倍となっています。また、年々、空き家が増加してきており、全体の13.5％を占めています。

②共同住宅の総数とその推移

　我が国の共同住宅の総数は、2,209万戸で、住宅全体の42.4％を占めています。**図表2-2**に建て方別住宅数の推移のグラフを示しました。この図からもわかるように、一戸建ての住宅と共同住宅の総数は年々増加してきています。特に、共同住宅の数は昭和58年に比べて2倍以上に増加しています。

POINT

　住宅火災は、そこで生活している人々の構成や建物の構造によって注意するべき所が違ってくる。

第 2 章　統計でみる住宅火災の現況

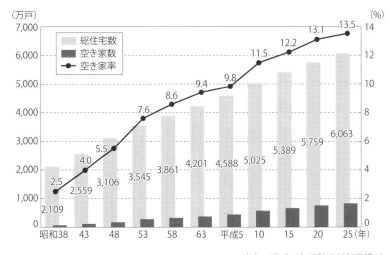

図表2-1　総住宅数、空き家数及び空き家率の推移

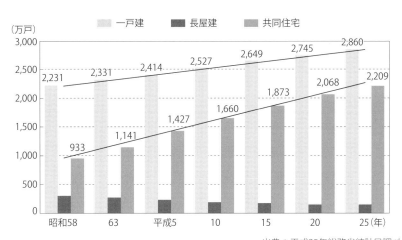

図表2-2　建て方別住宅数の推移

図表2-3　共同住宅の状況

③住宅の建物構造

　それでは、日本の住宅の建物構造はどのようになっているのでしょうか。**図表2-4**に総務省統計局の平成25年住宅・土地統計調査による住宅の建て方別に見た構造別割合を示しました。一戸建てでは、木造又は防火造が全体の9割以上を占めています。これに対して、共同住宅では、非木造が9割近くとなっており、建て方により構造が大きく異なっています。

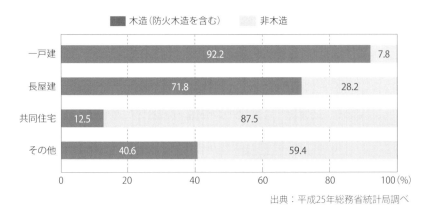

出典：平成25年総務省統計局調べ

図表2-4　住宅の建て方別にみた構造別割合

2 高齢者人口の増加によって増える高齢者住宅

①高齢者の人口と推移

　日本の総人口は、平成25年10月1日現在、1億2,730万人で、平成23年から3年連続で減少しています。一方、65歳以上の高齢者人口は、過去最高の3,190万人となり、総人口に占める割合（以下「高齢化率」と言います）も25.1％と過去最高になりました。

　65歳以上の高齢者人口を男女別にみると、男性は1,370万人、女性は1,820万人で、男性対女性の比は約3対4となっています（**図表2-5**参照）。また、**図表2-6**に昭和25年から平成72年までの高齢化の推移の状

		平成25年10月1日		
		総数	男	女
人口 （万人）	総人口	12,730	6,191 （性比）94.7	6,539
	高齢者人口 （65歳以上）	3,190	1,370 （性比）75.3	1,820
	65〜74歳人口	1,630	772 （性比）90.0	858
	75歳以上人口	1,560	598 （性比）62.2	962

出典：平成25年総務省統計局調べ

図表2-5　男と女の高齢者数の状況

POINT

　日本の高齢者人口は過去最高の3,190万人。総人口の25.1％にまで増えている。

況と予測を示しました。この図からもわかるように、平成に入ってから急激に高齢化率が上昇しています。これらから、超高齢化社会の到来が予測されているのです。

②高齢者住宅の状況

図表2-7に高齢者等のための設備状況を示しました。高齢者のための設備がある住宅は2,655万戸で、住宅全体の50.9%となっています。設備の内訳を見てみると、「階段に手すりがある」、「廊下などが車椅子で通行可能」とか「段差が無い」となっています。高齢者等のための設備

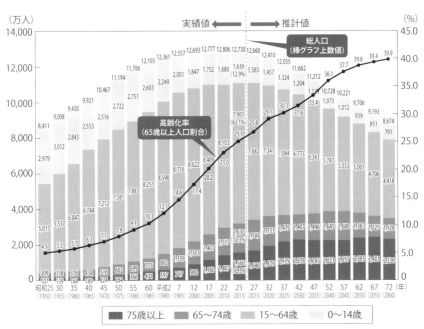

図表2-6　高齢化の推移の状況

がある住宅を建て方別にみると、一戸建てが62.1％、長屋が38.8％、共同住宅が37.3％となっており、一戸建ての割合が最も高くなっています。

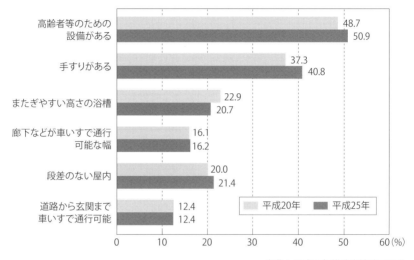

図表2-7　高齢者等のための設備の状況

3 住宅火災は毎年減少しているが死者は多い

①住宅火災の発生件数と死者数の推移について
(1) 住宅火災の発生状況
　平成27年中に発生した総出火件数は3万9,111件で、このうち建物火災は2万2,197件、全体の56.8%を占めています。また、建物火災のうち住宅火災は1万2,097件で、建物火災全体の54.5%を占めています（**図表2-8参照**）。過去10年間における火災の推移を**図表2-9**に示しました。住宅火災は年々減少してきています。

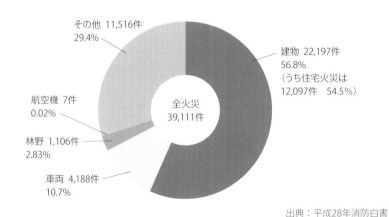

出典：平成28年消防白書

図表2-8　火災種別ごとの火災発生状況

POINT

住宅火災は年々減少傾向にあるが、高齢者の死者は多い。

36

第2章 統計でみる住宅火災の現況

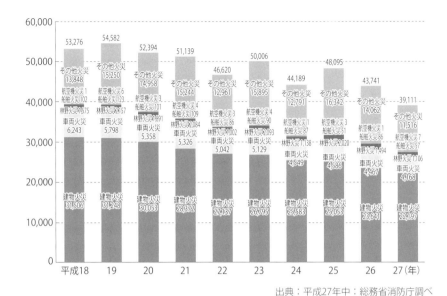

図表2-9　過去10年間の火災の推移

図表2-10　過去10年間の住宅火災における死者数の推移（放火自殺者等を除く。）

(2) 住宅火災における死者数の状況

　平成27中の建物火災による死者1,220人のうち、住宅（一般住宅、共同住宅及び併用住宅）火災による死者数は1,020人で、このうち放火自殺者等を除くと、914人となっています。前年より92人減少しています。平成18年から平成27年までの住宅火災による死者数の推移を**図表2-10**に示しました。この図からわかるように、住宅火災による死者数は、最近は毎年着実に減少してきています。

②住宅火災による死者発生数と高齢者が占める割合
　住宅火災による死者数914人のうち、65歳以上の高齢者の死者数は611人でした。これは住宅火災による死者数の66.8％を占めています。

③火災が発生する時間帯
　平成27年中に火災が発生した時間帯別の状況を**図表2-11**に示しました。昼の12時から13時の時間帯にかけて一番多く火災が発生しています。

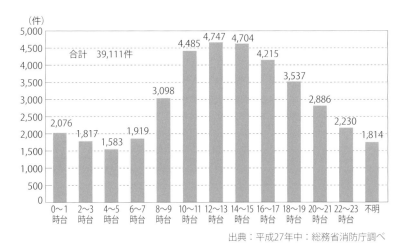

出典：平成27年中：総務省消防庁調べ

図表2-11　全火災の時間帯別発生件数

また、**図表2-12**は、時間帯別火災100件当たりの死者発生状況です。就寝時間帯に火災が発生すると、死者が出やすく、明け方の4時台の火災は昼の13時台の火災に比べて、死者発生率は6.6倍にもなっています。

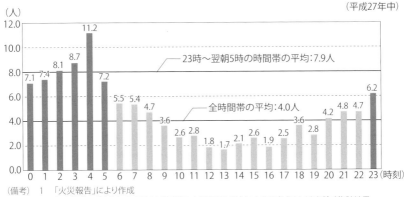

図表2-12　時間帯別火災100件当たりの死者発生状況

4 火災による死者は住宅火災によるものが最も多い

　建物用途別に火災による死者数を見ると、当然のことながら、住宅火災による死者が圧倒的に多くなっています。昭和42年から平成24年まで46年間の建物火災による死者数を累計すると5万5,381人になりますが、そのうち、85.7％にあたる4万7,462人が住宅系の建物の火災によって亡くなっています。

　ちなみに、第2位は複合用途（雑居ビル）で2,125人（3.8％）、第3位は工場・作業所で954人（1.7％）、第4位は旅館・ホテルで624人（1.1％）などとなっています。

　住宅系の建物には一般住宅（戸建て住宅）、共同住宅、併用住宅がありますが、その内訳は**図表2-13**のとおりで、戸建て住宅が3万5,330人と4分の3を占めています。

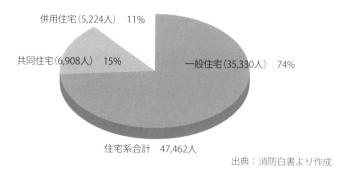

出典：消防白書より作成

図表2-13　住宅火災による死者累計と住宅種類別比率
（昭和42年（1967）～平成24年（2012））

POINT

火災では、戸建て住宅での死者数が多く、対策が重要だ。

5 戸建住宅は火災危険が高いのか？

　住宅系の火災のうち、戸建て住宅の火災による死者数が最も多いのは、戸建て住宅の数が最も多いからで、**図表2-12**だけから戸建て住宅が最も火災危険が高いとは言えません。住宅の火災危険は、住宅の種別のほかに構造によっても異なります。

　図表2-14は、住宅の種類別・構造別に見た住宅火災100件当たりの死者数です（ここでは簡単に「死者発生率」と言うことにします）。これを見ると、木造の共同住宅と木造の戸建て住宅が最も死者発生率が高く、火災が100回発生すると7人近くの方が亡くなっています。

　「防火造」というのは、構造は木造ですが、外壁の表面にモルタルを

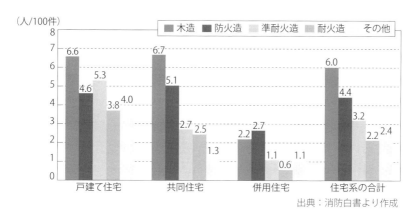

図表2-14　住宅の種類別・構造別に見た住宅火災100件当たりの死者数
（平成8年〜平成12年）

POINT

　2000年代初頭まで戸建住宅は防火規制がほとんどなく、備えがなかった。

塗るなどして近隣からの延焼防止性能を高めた構造です。内部の燃え方は木造と同様のはずですが、**図表2-14**では死者発生率が少し改善されています。最近の木造住宅は「防火造」とすることが多いので、内装に石膏ボードなど燃えにくい材料を使ったものが多くなっています。木造と防火造の死者発生率の差は、新しい住宅と古い住宅との差、と言えるかも知れません。

戸建て住宅と共同住宅の死者発生率を比べると、耐火造、準耐火造及び「その他」（鉄骨造が多い）では戸建て住宅の方が共同住宅よりずっと大きくなっています。同じ構造なら、集合している分だけ共同住宅の方が潜在危険性は高いはずですが、なぜ戸建て住宅の方が高いのでしょうか？

その秘密は、建築基準法と消防法にあります。このデータは平成8年（1996）から平成12年（2000）とちょっと古いのですが、当時は、戸建て住宅には両法による防火規制がほとんどかかっていませんでした（今は、戸建て住宅にも住宅用火災警報器の設置義務があります。19ページ参照）。一方、共同住宅には、階数や床面積などの潜在的火災危険に応じて構造や造り方に関する規制があり、それに対応して自動火災報知設備、消火器、スプリンクラーなどの設置や消防訓練の実施なども義務づけられています。その効果で、本来なら火災危険が高いはずの共同住宅の死者発生率が、戸建て住宅に比べてずっと低くなっているのです。「規制」というと嫌がる人も多いかも知れませんが、こうして見ると、随分役に立っていることがおわかり頂けるのではないでしょうか。

一方、木造と防火造はわずかながら共同住宅の方が高くなっています。木造と防火造の共同住宅は2階建て以下で規模も小さいので、防火規制も戸建て住宅とあまり変わりませんが、住戸間の区画性能が弱いため、住戸が集合している分だけ共同住宅の方が死者発生率が高くなっているのだと思います。

住宅火災の死者発生率は他の用途と比較してなぜ高いのか

　住宅火災の死者発生率は、他の用途に比べて高いのでしょうか？　低いのでしょうか？

　図表2-15は、昭和43年（1968）から平成26年（2014）までの、用途別に見た死者発生率（火災100件当たり死者数）の推移です。

これを見ると、以下のことがわかります。
① 就寝系の施設（旅館・ホテル、病院・診療所、福祉・保健施設等の3用途と住宅）の死者発生率が格段に高いこと。
② 住宅を除く就寝系3用途については、昭和40年代半ば～昭和50年代半ばにかけて、死者発生率が急減していること
③ 飲食店や物品販売店舗については、もともと死者発生率はそれほど高くないが、やはり同時期に減少し、さらに低くなっていること
④ 事務所・官公署の死者発生率は横ばいであること
⑤ 複合用途（雑居ビル）の死者発生率は、平成15年（2003年）まで増加したあと減少するという特異なパターンであること
⑥ 戸建て住宅の死者発生率だけは増加傾向を続けており、他の就寝系3用途の死者発生率が急減したため、現在では他の用途に比べて飛び抜けて高くなっていること

> **POINT**
>
> 　防火法令、特に消防法の規制強化で施設系の火災での死者数は減っている。

以上の他にも、矢印で示したようなそれぞれ特有の変化があります
が、このような変化の理由は、防火法令、特に消防法令の規制強化で
す。戸建て住宅以外の施設は、多数の死者を出す火災が発生すると消防
法令が強化されるという歴史を繰り返して来たのですが、その結果が死
者発生率の変化に見事に反映されているのです。

　戸建て住宅はそのような規制強化が行われなかったため、今では死者
発生率が最も高い用途になってしまいました。でも、病院や福祉施設よ
り戸建て住宅の方が死者発生率が高いというのもおかしいですよね。こ
のため、平成16年（2004）に消防法が改正されて、戸建て住宅にも住
宅用火災警報器の設置が義務づけられました。

　その結果は**図表2-15**に当然反映されています…と言いたいところ
ですが、あれっ？　住宅用火災警報器の義務づけ後に死者発生率はむしろ
急上昇しているではありませんか？　なぜでしょう？　これについて
は、51ページで詳しくご説明します。

第2章　統計でみる住宅火災の現況

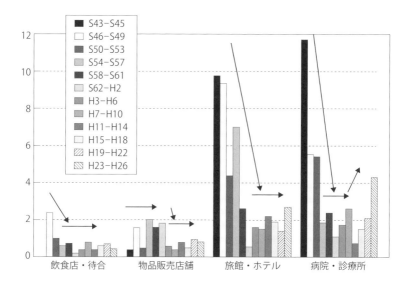

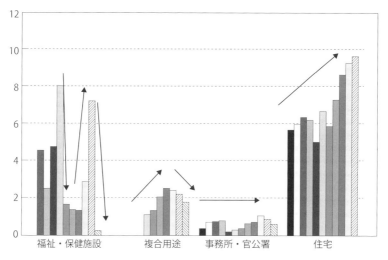

出典：消防白書より作成

図表2-15　用途別に見た火災100件当たり死者数の推移
（昭和43年（1968）～平成26年（2014））

第 3 章

注意すべき高齢者住宅の火災

1 火災が発生すると高齢者ほど死亡する危険性が高い

図表3-1は、年齢階層別に見た火災による死者の発生状況です。高齢になるほど死者数も人口10万人当たりの死者数（ここでは「人口当たり死者発生率」と言います）も高くなっていることがわかります。特に81歳以上の高齢者の人口当たり死者発生率は、壮年層に比べて8倍近くにもなっています。

図表3-1　火災による年齢階層別死者発生状況（放火自殺者を除く）

POINT

高齢者は火災に気づきにくく、素早く消火したり避難したりできない。

第3章 注意すべき高齢者住宅の火災

　その理由は、高齢になると、聴覚や認知能力が衰えるため火災に気づきにくくなり、気づいても素早く消火したり避難したりすることができなくなるためです。

　この傾向は、以前はもっと顕著でした。**図表3-2**は、男女別に見た昭和63年の同様のデータですが、81歳以上の人口当たり死者発生率は、女性で6.20人、男性ではなんと11.82人にもなっていました。これは現在の男女合わせて3.8人に比べると、2〜3倍に当たります。

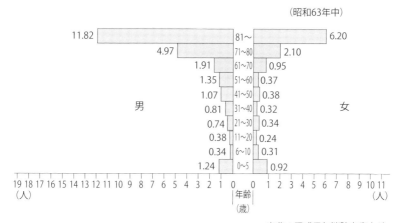

出典：平成元年消防白書より

図表3-2　年齢階層別人口10万人当たり火災による死者数
　　　　（放火自殺者を除く）

2 住宅防火対策推進に係る基本方針と 住宅用火災警報器の設置義務づけ

　当時から、日本が超高齢化社会に向かっていることは明らかでしたので、このまま超高齢化社会を迎えれば、火災による死者が激増することが懸念されました。このため、消防庁では、昭和62年〜平成元年に専門家からなる「住宅防火対策検討委員会」を設けて住宅火災の実態とその対策に関する詳細な検討を行い、その結果をもとに平成3年に「住宅防火対策推進にかかる基本方針」を定めて、住宅防火対策に本格的に取り組み始めました。

　その基本方針は、特に高齢者住宅を対象に、住宅用火災警報器の設置の推進のほか、安全な暖房器具の普及、燃えにくい防炎布団の普及などのキャンペーンを推進し、10年後の火災による死者数を、予想される死者数の半分以下に抑えようというものでした。

　その結果は、**図表3-3**のとおりです。10年後にあたる平成13年の予想死者数1200人、目標600人に対し、実績は923人でした。目標達成率は約50％というところでしょうか。

　このように、「住宅防火対策推進にかかる基本方針」は一定の効果はありましたが、キャンペーン方式では、やはり限界があるということも明らかになりました。このため、平成16年に消防法が改正され、平成18年からすべての住宅に住宅用火災警報器を設置することが義務づけられました。

POINT

　超高齢化社会に向けて防火対策を進めてきたが特に住宅用火災警報器の設置義務づけは効果を上げた。

第3章　注意すべき高齢者住宅の火災

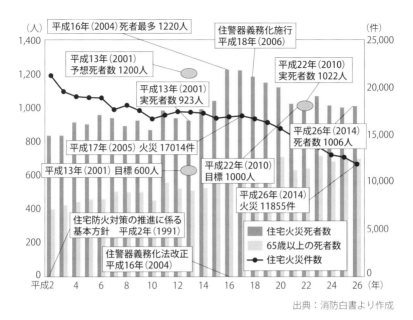

図表3-3　住宅火災件数と死者数の推移（平成2年〜26年）

　その効果は、もう一度図表3-3を見て頂けば明らかです。急増の傾向を見せていた死者数は住宅用火災警報器の設置義務づけ後減少に転じ、過去最多だった平成16年（2004）の1220人が平成26年（2014）には1006人と18％減りました。「住宅防火対策推進にかかる基本方針」で目標としていた平成22年（2010）の死者数1000人に対し実死者数は1022人となり、ほとんど達成できたと言ってよいでしょう。

　火災件数に至っては同時期に30％も減少しました。住宅用火災警報器を設置すると、火災になるかならないうちに警報が鳴るため、気づいてすぐに措置すれば、消防へ通報する火災が減ることになるからです。

　住宅用火災警報器の設置が義務づけられてから約10年の間に、火災による死者は18％減りましたが、火災件数は30％減りました。すると、火災100件当たりの死者数は…増えることになりますね。44ページの疑問は、これでおわかりだと思います。

51

3 住宅用火災警報器は高齢者にも効果大だった

　住宅用火災警報器を設置した場合、若年層、壮年層は火災によって死亡する人は少なくなることが期待できますが、高齢者は、聴覚、視覚、認知能力、運動能力が衰えていますのであまり効果がないのではないか、という疑問があります。

　図表3-4は、住宅火災における人口当たり死者発生率を、住宅用火災警報器の設置義務がなかった平成15年と義務づけ7年後の平成25年と

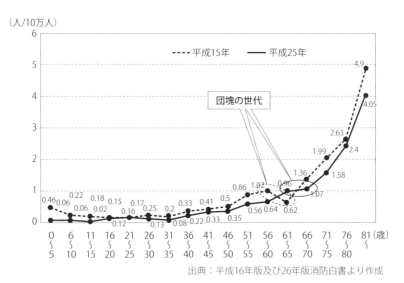

図表3-4　住宅火災における年齢階層別人口10万人当たり死者発生状況

POINT

　最近では元気な高齢者が増えたため火災警報器の警報にもきちんと対応できる人が多い。

で比較したものです。これを見ると、ほぼ全年齢層で人口当たり死者発生率が低下していることがわかります。

特に０－５歳層と81歳以上の層で大きく低下しており、この年齢層に住宅用火災警報器の設置効果が大きいのではないかと推測できます。０－５歳児の火災による死者発生率が高いことは以前から問題でしたので、この層に効果が大きかったのは朗報です。

では、81歳以上の人口当たり死者発生率は本当に下がっているのでしょうか？

図表3-5を見てください。これは壮年層（41～45歳）と高齢者（81歳以上）の人口当たり死者発生率の推移を平成12年から平成27年まで見たものです。これを見ると高齢者層の人口当たり死者発生率は、住宅用火災警報器の設置が義務化される以前は5人前後で推移していましたが、義務化されると3年目から減少傾向に転じ、平成27年には3.1人にまで減少していることがわかります。壮年層も同時期に0.45人前後から0.3人前後に低下していますので、減少率は同程度です。結局、住宅用

出典：消防白書より作成

図表3-5　年齢階層別（41歳～45歳と81歳以上）に見た人口10万人当たりの火災による死者数（平成12年（2000）～平成27年（2015））

火災警報器が設置されると、高齢者層にも壮年者層にも同様の効果が
あったということになるでしょう。

　それでは、火災の認知能力や避難能力が低下しているはずの高齢者
に、住宅用火災警報器が効果があったのはなぜでしょうか？

　それは、元気な高齢者が増えてきたためだと思います。81歳以上に
なっても、住宅用火災警報器の警報音が鳴ると、それを聞きとって火災
だと認識し、消火や避難に結びつけることができる人の割合が多くなっ
ている、ということでしょう。

　平成元年の同様のデータ（**図表3-2**）では、女性6.20人、男性11.82人
と現在の2〜3倍でしたが（49ページ参照）、その後15年間で5人程度
にまで減っています。その理由は、「住宅防火対策推進にかかる基本方
針」に基づくキャンペーンの効果、火災になりにくく延焼もしにくい新
しい住宅に住む高齢者の増加などもありますが、元気な高齢者の割合が
増えて来たことも大きいのでしょう。

　元気な高齢者が大幅に増え、そこに住宅用火災警報器が設置されるよ
うになったため、予想に反して大きな効果があった、ということだと思
います。

第3章　注意すべき高齢者住宅の火災

4　高齢者数の急増が脅威になる

　図表3-6は、図表3-4と同一の年齢層と時期について、死者の実数の変化を見たものです。これを見ると、住宅用火災警報器設置義務づけの後、若年層、壮年層では死者発生率だけでなく死者の実数も減少していますが、高齢者層では死者発生率は減っているのに死者の実数は増えています。

　その理由はおわかりですね。そう、高齢者数が急増しているために、人口当たり死者発生率が減少しても、死者の実数は増えてしまうのです。

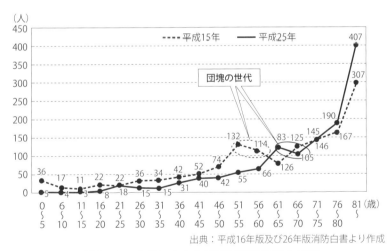

出典：平成16年版及び26年版消防白書より作成

図表3-6　火災による年齢階層別死者発生状況

POINT

　高齢者の死者数はこのままなにもしなければ再び増加に転じる可能性が高い。

図表3-7は、日本の年齢別人口構成を平成27年と平成47年とで比較したものです。今後、高齢者は数も比率も激増していきますので、このままでは、火災による死者が再び増加に転じる可能性は高そうです。

　平成3年の「住宅防火対策推進にかかる基本方針」(50ページ参照)制定時には、2025年の住宅火災による死者数は1800人になると予想していました。その半分とすれば、900人が目標値になります。平成27年(2015)には火災による死者は914人まで減少していますので、不可能な数字ではなさそうです。今後は、住宅用火災警報器の設置に加え、第4章以降にお示しするような様々な知識を駆使して、火災による死者を減らす努力がこれまで以上に求められるようになるでしょう。

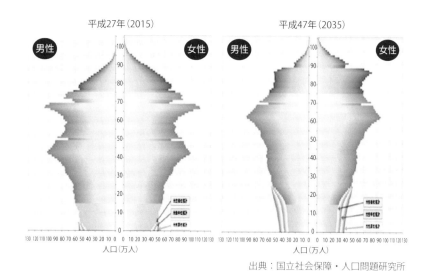

出典：国立社会保障・人口問題研究所

図表3-7　日本の年齢別人口構成の予測（平成24年（2012年））

住宅火災で高齢者はどうやって亡くなるのか

　50ページでも触れた「住宅防火対策検討委員会」では、昭和58年から昭和62年までの5年間の住宅火災のうち死者が発生した全事例3,629件（放火自殺者を除く）について詳細な分析を行っています。データはちょっと古いのですが、報告書を見ると、住宅火災による死者の発生の実態、特に高齢者が亡くなることが多い理由がよくわかります。今でもあまり変わらない部分も多いと考えられますので、ご紹介します。

①住宅火災による死者発生の特色
（1）　5年間の住宅火災による死者3,629人のうち65歳以上の高齢者は1,733人（47.8％）。
（2）　前（1）のうち半数の875人（50.5％）は身体に何らかの不自由がある。
（3）　火災時に本人が住宅内に一人でいたのは1,843人（50.8％）である。
（4）　死者のうち、一人暮らしが899人（48.7％）、家族が別棟にいた者186人（10.0％）、家族が留守だった者が758人（41.1％）である。
（5）　死者の発生が多い時間帯は、通常は夜間であるが、寝たきりの人の場合は昼間である。
（6）　一戸建て木造住宅火災による死者が2,591人（71.4％）である。

POINT

　高齢者に多いいろいろな問題が、火災の際に大きな障害となる。

(7)　一戸建て木造住宅火災による死者発生率（住宅100万戸当たり）は一戸建て防火木造の3倍、一戸建て耐火造の7倍に達する。

(8)　出火場所と同じ場所で死亡していた者は2,058人（69.1％）である。

(9)　自力避難困難者であった者が594人（23.7％）、着衣に着火してしまった者が349人（13.9％）で、合計1,317人（64.0％）である。

(10)　布団類に着火した火災で死亡した者が843人（23.2％）もあり、そのうちタバコやマッチ等の火が着いたものが490人（58.1％）、暖房器具に接触したものが237人（28.1％）である。

(11)　布団類に着火した火災で死亡した者のうち自力避難困難者は408人（48.4％）、自力避難制約者（自力避難困難者及び避難行動に制約がある者）は627人（74.4％）であり、自力避難制約者で一人暮らし又は介護手薄だった者が387人（45.9％）である。

(12)　火災を発見するのが遅れて死亡した者は1,024人（28.2％）であるが、このうち健常者が476人（46.8％）おり、健常者の死者1,108人の43.0％を占める。

②高齢者が住む住宅の火災の特色

　住宅火災のうちで高齢者が居住する住宅火災の特色は次のとおりです。

(1)　家に在宅している時間が多いこと。

(2)　石油ストーブやタバコを吸うなど裸火を使用する機会が多いこと。

(3)　高齢で病人が多いため、万一火災が発生した場合に、初期消火することが困難であること。

(4)　高齢者は素早い行動が取れず、逃げ遅れる危険性が高いこと。

(5)　一人暮らしが多いため、近くに助けてくれる人がいないこと。

6 高齢者特有の生活スタイルが火災死につながっている

住宅火災の出火原因については**図表1-1**（11ページ）でお示ししたとおりですが、死者が発生した住宅火災の出火原因（発火原因）を見ると（**図表3-8**）、ちょっと様子が違います。

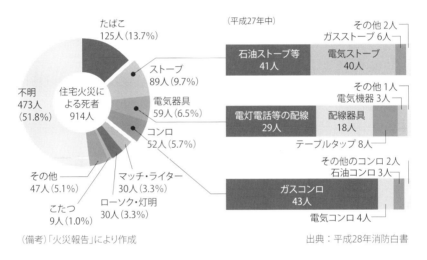

図表3-8　住宅火災の発火原因別死者数（放火自殺者を除く）

出火原因でトップだった「コンロ」は3位になっており、たばこが1位、ストーブが2位になっています。その理由は、住宅火災がどういう状況で発生すると死者が出てしまうのか、ということと関係しています。

POINT

例えば、高齢者の一人暮らしは、ふとんが敷きっぱなしだったり火災の要因が多くある。

図表3-9は、住宅防火対策検討委員会の報告書で、死者の発生した住宅火災では、どのような火がどんな物に着火しているのか見たものです。出火源の1位は「たばこ・マッチ・ライター」、2位は「暖房器具」、3位は「調理器具」などとなっており、図表3-8と大体同じですので、状況は現在とあまり変わりません。

　興味深いのは、火が着いた物との関係です。出火源第1位の「たばこ・マッチ・ライター」は「ふとん類」に火が着いている場合が断然多く490件となっており、2位は紙類の135件、3位は内装・建具類の109件です。出火源第2位の暖房器具から着火しているのも1位はふとん類（237件）で、2位は衣類（147件）、3位は内装・建具類の112件となっ

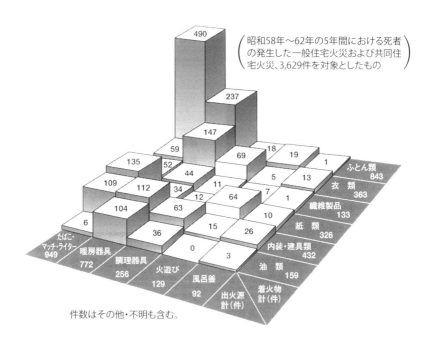

出典：消防庁「住宅防火対策検討委員会報告書（平成元年）

図表3-9　死者の発生した住宅火災における主な着火物と出火源の関係

ています。また、出火源第3位の調理器具は衣類に着火した場合が1位（69人）、内装・建具類が2位（63件）、油類が3位（36件）です。

このようなデータから、住宅火災で死者が発生する状況が見えて来ます。

高齢者の一人暮らしの場合、ふとんの上げ下ろしが大変なので、敷きっぱなしにしていることが多いのですが、そこで寝たばこをしたり、裸火が露出している古いタイプの石油ストーブや電気ストーブを使ったりすると火災になり、逃げようとしても逃げられずに死亡してしまいます。**図表3-9**は、そういうパターンが極めて多いのではないかということを示しています。

高齢者の一人暮らしの場合、物忘れに対処するためメモを書き、そのメモの位置を忘れると困るのであちこちに貼り付けたり、床に置いておいたりします。**図表3-9**からはそんな紙に火が着くことも多いのではないか、ということも推察できます。

着ている衣類に着火すると死に至る危険が高いのは当然ですが、**図表3-9**では、調理器具よりも暖房器具の方が多くなっています。これも、高齢者が古い危険なストーブを使い続けていることが多いことを考えると納得できます。暖房器具の火が油類に着火するというのは、裸火が露出しているタイプの石油ストーブに火をつけたまま給油して起こる火災ですが、これも高齢者住宅に多いと考えることができます。

このように、高齢者特有の生活スタイルが火災死の多いことと密接に結びついていると考えられますので、高齢者の火災死は、このような生活スタイルを変えていくことによって少なくすることができることがわかります。

第 4 章

もし火災が起きてしまったら？

1 火災を発見した時はどうするか？

　皆さんの家庭でもし火災が発生したとき、まず何をすればよいでしょうか？初期消火？避難？子供を助ける？119番通報？いえいえ、どれも違います。火災が発生したとき、あなたがまずしなければならないのは「大声で火災が発生したことを周囲の人に知らせる」ことです。

　あなたが火災に気付いたときの状況は、様々なはずです。目が覚めたら煙に取り巻かれていた、という場合もあります。変な臭いがするので隣の部屋に見に行ったら、アイロンがくすぶっていた、という場合もあります。

　揚げ物をしていて、ついその場を離れたら油が発火してしまった、という場合もあります。火をつけたまま灯油ストーブに給油してこぼれた灯油に火が着いてしまった、という場合もあります。

　あなたが火災に気付いたときの状況次第で、消火すれば消せそうな場合もありますし、避難するのがやっと、という場合もあります。

POINT

　火災を見つけたらまずは大声で「火事だ！」と叫んで周囲に知らせるのだ。

第4章　もし火災が起きてしまったら?

　しかし、どんな状況であっても、共通してまずしなければならないことは、「火事だーっ!」と大声で叫ぶことなのです。消火する場合も、すぐに「火事だーっ!」、避難しなければならない場合も、「火事だーっ!」と大声で叫んで周囲の人に知らせることがとても大切です。大声で叫ぶことは一見簡単そうに見えますが、意外とできない人が多いのです。最近は住宅事情などもあって、普段の生活で大声を出す機会がなくなってしまったためではないか、と言われています。

　32人の犠牲者を出したあのホテルニュージャパンの火災(昭和57年2月)でも、火災を最初に発見した従業員は、その場では声を出さずに、フロントに戻ってから火災の発生を知らせています。このとき、大声で火災の発生をお客に知らせながら消火器や消火栓の準備をし、フロントへの連絡は部屋から顔を見せた客に頼むなどの行動をとっていれば、その後の展開は随分違ったものになっていたに違いありません。

　「火事だーっ!」という声が聞こえれば、周囲の人は、助けに行くこともできますし、子供やお年寄りなどを避難させることもできます。火災を発見したあなたがパニックにかられて一人で右往左往しながら消火を試み、どうにもならなくなってから初めて助けを呼んだり避難したりするのに比べれば、はるかに賢い方法であることはおわかり頂けると思います。

　被害が小さい火災時の行動と被害状況を調べた調査などでも、火災を見つけたときに「大声で知らせることができた」場合には、死者の発生率も焼損面積も「できなかった」場合に比べてはるかに小さい、ということが知られています。「恥ずかしい」とか「たいしたことなく終わったら周囲に迷惑をかける」とかいうのは「平常時」の感覚です。しかし、「火災」というのは、「平常時」から一転「非常時」に投げ込まれたということなのです。平常時の常識を捨て、火災を見つけたらとにかく大声で「火事だーっ!」と叫ぶことを頭の中に入れておくようにしてください。

2　119番通報についての誤解

①火災発見と119番通報

　「火事を見つけたら119番」というのは、日本人の常識です。でも、ちょっと待ってください。実際に通報される119番の内容を見ていると、皆さんは随分と誤解をしているようです。

　119番の指令センターに「火事ですっ。早く来てくださいっ。家が燃えてしまうっ。早く、早く、あっあーっ！」などという絶叫が入ってくることがあります。この方は、自分の家が火事になって、自分の家から119番をしているのです。火のまわりが早かったのか火事に気付くのが

POINT

　自分の家で火災を発見して119番通報をする場合は安全なところから。

遅かったのか、とにかく通報中のこの方が火や煙に襲われてしまったのです。

　この方は2つの誤りをしています。一つは「火事を見つけたらなるべく早く119番」という常識にとらわれ過ぎて、最も手近な自分の家の電話で119番をしてしまったことです。こんなことをすれば、火のまわりが早ければ火や煙に巻かれて、通報しているうちに危険が迫ってしまうのは当然です。「消火できなければまず避難して119番は安全なところから」と考えてください。最近は携帯電話を持っていますので、どこからでも電話できますね。

　もう一つの誤りは、119番しさえすれば目の前にすぐ消防自動車や消防隊員が現れる、と錯覚していることです。そんなことはあり得ません。日本の消防は「8分消防」と言って、通報から平均8分以内に現場に駆けつけて消防活動を開始できるように整備されています。

　この「8分」という時間は、火災になったあなたの家から隣の家に延焼し、さらに町中に燃え広がってしまうのを防ぐのに必要な時間として設定されているのです。

　消防力が整備されている都会では、5〜6分もすれば消防自動車がやってくると期待してもだいじょうぶです。しかし、それでも「5、6分」という時間は、火災に襲われているあなたにとっては遅過ぎる時間です。あなたの家族や財産を「今」助けることができるのは、あなた方自身と近所の人しかいないのだ、ということを忘れないようにしてください。

　ところで、119番は最寄りの消防署に着信していると思われている人がいるのではないでしょうか？実はそうではありません。

　皆さんが119番通報をすると、「火事ですか？　救急ですか？」という問いかけに続いて「何町何丁目何番地ですか？」と聞かれます。この時「何を寝ぼけているのっ！お宅のはす向かいの○○パン屋よっ！」などと怒鳴る方がいます。この方は119番通報はてっきり最も近い消防署

にかかっているものと思っているのです。これは、間違っていることが多いと思ってください。

119番通報は、その地域の消防本部の指令センターにかかります。東京の場合は23区ならすべて大手町の東京消防庁指令室に入ります。そこから、火災に最も近い消防署や出張所に改めて出場指令を出し、必要に応じて救急隊、特殊車両の出場や応援部隊の増強などの指令をしています。中小都市の場合も、いくつかの町が共同で消防本部を作っている場合が多いので、複数の町村にただ一つの指令センターしかなく119番通報の処理を一括して行っていることが多いのです。最近では、消防の広域化や消防指令センターの広域化が進んで、さらに広い範囲から一つの指令センターに119番通報が集まるようになっています。所番地を正確に言わないと、指令センターの消防職員もどこが火災現場かわからないのは当然なことなのです。

出典：一般財団法人消防防災科学センター
「災害写真データベース」

図表4-1　消防自動車

第 4 章　もし火災が起きてしまったら？

 119 番通報の方法について

　それでは、消防機関に火災の発生を通報する方法はどうすればよいでしょうか？　火災の発生を確認した場合、日本国内どこでも、119 番通報（火災報知専用電話による通報）することにより、その地域を管轄する消防本部の指令センターに連絡され、近くの消防署所から消防車両が駆けつけるシステムになっています。では、119 番通報したらどのようなことを聞かれるのでしょうか？　119 番通報で聞かれるのは、次のような内容です。

119番受付員	通報者
火事ですか、救急ですか	火事です
場所はどこですか	○○市(区)○○町○丁目○番○号です
何が燃えていますか	○○が燃えています
よろしければ、あなたの名前と今かけている電話の番号を教えてください（※危険が迫っている状態では聞かれない場合があります。）	私の名前は○○○○です 電話番号は○○-○○○○-○○○○です

　このほかにも、出火場所の目標物や逃げ遅れやけがをした人の有無、大規模な建物などでは何階のどの部分か、工場などでは危険物品の有無等詳しく聞かれることもあります。わからなければ「わからない」と答

POINT

　119番通報したらまずは住所をできれば都道府県名から順に言っていく。

69

えてもかまいません。緊急事態で気が動転し、通常スラスラ言える自宅の住所を急に言えなくなることもあります。いざという時に慌てないために、自宅の住所、建物を見つけるための目標物、電話機のある場所の建物内の位置（何階のどの辺か、など）などを事前にまとめて、目につくところに貼っておくことをお勧めします。

①119番通報するときの留意事項

　火災を発見して119番通報するときは次の点に注意しましょう。
(1)　まず落ち着いて、火災になっている場所の住所を通報してください。通りすがりで火災を見つけ、大分離れているのに自分の家の住所を通報する方もいます。もし、住所がわからない場合は近くの人に聞くか、近くの大きな目標物を言ってください。できれば都道府県名から通報してください。同じ地名の場所があるからです。その後に何区（市）なのかと言います。いきなり「○町」から通報される方がいますが、同じ町の地名がたくさんあるので、注意してください。
(2)　電話機の種類によっては、「0」発信してからでなければ外線につ

ながらない場合がありますので、注意してください。

(3) 携帯電話で119番通報する場合、場所や電波の状況によっては管轄消防本部の指令センターではなく、他県の消防本部の指令センターにつながってしまう場合があります。その時は、その消防本部の指令室員の指示に従ってください。

(4) 119番通報した時に、話ができなかったり、急に声が出なくなってしまう人がいます。そんな場合は、受話器又は携帯電話を叩いたりして、指令室員の応答に応えて下さい。119番指令室員はそのような場合の対応訓練を普段から行っています。例えば、正しい場合は1回、間違っている場合は2回叩くなど、指令室員の質問に合わせて、叩いた音の回数で返答するようにして下さい。

(5) 最近は、固定電話の発信地表示システム機能が備わっていたり、携帯電話のGPS機能が備わっている指令センターもあります。たとえ会話ができない状態であっても、回線がつながっていさえすれば、通報者の位置を特定できる場合がありますので、とにかく119番通報するようにして下さい。また、携帯電話の場合は電源を切らないようにすることも大切です。

4 初期消火をするのか、逃げるのか

①初期消火の重要性

　火災が発生してしまったとき、その被害をできるだけ少なくするには、できるだけ早く発見して消火してしまうことが大切であることは言うまでもありません。でも、危なくなったらすぐ避難することがもっと大切です。火災は次第に大きくなるものです。

　建物全体が炎上するような大きな火災も、町全体を焼き尽くすような市街地大火も、いきなりあのような大火災になるわけではありません。ガス爆発だとかタンクローリーが突っ込んで来るなどという特別なケースを除けば、あなたが遭遇する火災はすべて小さな火から始まります。

　普通の火災は、「火源」となるたばこの火やレンジの火が、何らかの理由により紙屑や布、場合によっては、てんぷら油などの「着火物」と接触することから始まります。紙屑や布などに火が着くと次第に炎が大きくなり、やがて付近にある家具調度類などに燃え移り、さらに壁から天井に燃え広がっていきます。

　こうなると本格的な火災です。部屋の温度はどんどん上がり、内部にある木材などの可燃物の温度も着火温度に近づいて、可燃性のガスが発生するようになります。やがてこれらの可燃物や可燃性のガスが燃え出します。条件次第では、これらが一斉に発火して、部屋の温度やCO（一酸化炭素）の濃度が急激に上昇し、酸素濃度が急激に低下する「フ

POINT

　火災の火が部屋の天井まで届いていたら初期消火をあきらめ逃げるべし。

ラッシュオーバー」と呼ばれる現象が起こることもあります。

フラッシュオーバーが発生すると、その部屋の内部にいる人は生きていることはできません。また、フラッシュオーバーが発生すると急激に室内空気が膨張しますから、窓ガラスが割れて新鮮な空気が吹き込み、さらに燃焼が激しくなることもありますし、そこから煙や有毒ガスが建物内部に拡大していくきっかけになることもあります。こうして小さな火源が着火物に接触することから始まった「火災」が、建物全体に広がる大きな火災に発展してしまうのです。

②早期発見と初期消火が最も大切

火災がこのように徐々に大きくなっていくものだということを理解すれば、火災が発生した時の対処方針はおわかりでしょう。そうです。なるべく早く火災を発見して、まだ火が小さいうちに消火してしまえばよいのです。

紙屑や布が燃え出したばかりの頃は、消火するのは簡単です。消火器などを使うまでもなく、コップ一杯の水でも消せますし、足で踏みつけたりタオルで叩いたりしても消火できます。家具調度類が燃え出したり、壁に火が着いたりする段階になると、そう簡単ではありませんが、まだバケツの水でも消火することができますし、消火器ならまず確実に消すことができます。

要するに、火災はできるだけ早く発見して早く消火を始めるほど、消火できる確率は高くなりますし、あなたの身体や生命の危険も少ないのです。

③消火すべきか、避難すべきかの判断基準

消火をすべきか又は消火を諦めて避難するかどうかは、火災の火が天井まで届いているかどうかで判断します。

初期消火できずに火災の火が天井まで達してしまったり、火災に気が

ついたときに既に炎が天井まで届いてしまっていたら、すぐに避難します。天井まで火が届いているということは、間もなくフラッシュオーバーが発生して部屋中が一気に火の海になる、という前兆現象として考えなければならないのです。フラッシュオーバーに巻き込まれたら、まず助からないからです。

このとき、火災になっている部屋のドアを開めてから逃げることを忘れてはなりません。ドアを閉め忘れると、火災はそこから建物中に広がります。煙や有毒ガスもあなたを追って来ます。初期消火をしようとして失敗して死亡するケースでは、フラッシュオーバーに巻き込まれる場合と、火災室のドアを開め忘れたために逃げきれずに煙に巻かれてしまう場合が多いのです。

第 4 章　もし火災が起きてしまったら？

5　住宅火災用の消火設備と消火方法

①住宅火災用消火設備の種類

　住宅で火災が発生して、初期消火を行う場合は、どんな消火設備が良いでしょうか？

　1戸建て住宅でも消火器を備えている方は多いと思います。手軽に使える三角バケツやスプレー型消火器などもあります。共同住宅の場合は、消火器のほか、共用部分に屋内消火栓設備が設置されている場合もありますし、高層マンションの場合はスプリンクラー設備が設置されている場合もあります。

　お勧めは「住宅用（家庭用）消火器」です。女性や高齢者でも操作しやすいようコンパクトで軽くなっていますが、その割に消火能力が高く、住宅火災に多い天ぷら油火災やストーブ火災の消火にも適しています。

図表4-2　三角バケツ（左）、スプレー型消火器（中）、住宅用消火器（右）

POINT

　住宅火災の初期消火用にはいくつかの消火設備があるのでその使い方を知っておこう。

消火薬剤は普通の消火器に多い粉末でなく液体ですので、狭い部屋で放射しても視界が遮られることなく、消火後の後始末も比較的簡単です。本体容器の色の規制がない（カラフルなものやおしゃれなデザインが多い）ことなどもあって、特に「住宅用（家庭用）消火器」などと名付けられています。

　耐用年数は5年程度で、薬剤の詰め替えはできないなど、小型消火器の位置づけですが、家庭に1本は備えておきたい消火器です。

図表4-3　住宅用消火器

　では、消火器の構造や仕組みはどうなっているのでしょうか？

　普通の消火器は、大きく加圧式消火器と蓄圧式消火器に分類されます。加圧式消火器は内蔵されているガスボンベが使用時に開封されて容器内にガスが放出され、その圧力で消火薬剤を放出するもので、蓄圧式消火器は製造時に容器内に高圧のガスが封入されており、使用時にはその圧力で消火薬剤を放出するものです。

　日本では、従来加圧式消火器が多かったのですが、使用時に容器の圧力が急に上がるため、古い消火器を使おうとした時に破裂する事故が相次いだことから、蓄圧式が推奨されるようになりました。蓄圧式だと、古くなって腐食して穴が開いたりすると、そこからガスが抜けますか

第4章　もし火災が起きてしまったら？

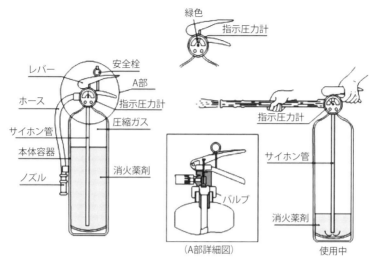

図表4-4　消火器の構造

ら、破裂などの危険性が少ないためです。住宅用消火器は蓄圧式です。お宅に消火器がある場合は、蓄圧式か加圧式か、確かめてみてください。蓄圧式は圧力ゲージがついていますので、すぐにわかります。圧力ゲージを見て圧力が抜けていれば使えませんから、買い換えてください。加圧式の場合は、時々消火器の外観をチェックし、腐食しているのを見つけたら、危険ですから買い換えてください。

②消火方法について

　火災が発生してしまった場合は、燃えているものに応じ、落ち着いて消火することが大切です。家具調度類に使われている可燃物は、普通、木材、布類、プラスチック類などです。このような物が燃えている場合、出火後1～3分以内なら、普通の家庭用の粉末消火器で比較的容易に消火することができます。普通の粉末消火器は15秒程度で消火剤がなくなってしまいますから、あまり離れているところから放射を始める

と失敗します。姿勢をある程度低くして近寄れる所まで火に近づき、燃えている部分（炎ではない）めがけて消火剤を放射します。

粉末消火器の使用方法については、
① 安全栓を抜く
② できるだけホースの先端を持って火元に向ける
③ レバーを強く握る
という三動作で消火します。

図表4-5　粉末消火器

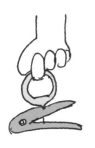

安全栓を抜く

できるだけホースの先端を持って火元に向ける

レバーを強く握る

第4章　もし火災が起きてしまったら？

6　ふすまや障子・板壁などが燃えたとき

　火災を発見したら、煙や臭いに惑わされずに落ち着いて消火することが大切です。
　プラスチック類が燃えると、木材などが燃えるのに比べてはるかに大量の黒い煙が出ますし、強烈な刺激臭もありますが、「消火してみよう」と思う程度の段階なら、なるべく煙を吸わないようにしながら消火作業を行えます。
　ふすまや板壁は垂直に立ち上がっていますから、火が着くと短時間のうちに炎が大きくなるのが特徴です。ふすまや障子は、蹴り倒すことができれば消火が楽になります。ふすまや障子は表と裏が同時に燃え上がりますし、炎も大きいので惑わされますが、迷わず蹴り倒してください。
　板壁を水で消火する場合は、燃えている部分のやや上の方から半円を描くように水をかけていってください。また、粉末消火器で消火する場合は、燃えている部分から上の方に向かって消火剤を放射していきます。表側が消えても裏側に火が残っている場合がありますから、必ず裏側まで消えていることを確認してください。確認できない場合は、念のため裏側にもよく水をかけておくとよいでしょう。

POINT

　ふすまや障子は燃えると炎が大きくなるが、惑わされずに蹴り倒す。

79

7 電気器具が燃えたとき

　漏電、短絡などによって起こる電気火災は、先進国でも発展途上国でも、ほとんどの国で火災原因の1位か2位を占めています。日本では比較的少ないのですが、近年増加傾向にあります（20〜21ページ参照）。

　電気器具や配線器具等が燃えているときは、いきなり水をかけてはいけません。感電する恐れがあります。粉末消火器で消火するのが定石です。

　住宅用消火器など液体の消火器を使ったり、水をかけたりする場合は、コンセントからプラグを抜いたりブレーカーを落としたりして電気を遮断してからにします。

　器具の内部で燃えている場合は、消火剤や水がかかりにくいので、外からでは完全に消火することができませんから、下火になってから内部にもよく消火剤等をかけるようにします。なお、ブラウン管などは急に冷やすと破裂する恐れもありますから、直接水をかけないようにしてください。

　電気こたつから出火した場合、あわてて布団をはぐと酸素が供給されて急に燃え上がる恐れがあります。まずプラグを抜いてから、布団の上から水をかけ、燃焼を抑え込んだ後で布団をはいで消火します。

POINT

　電気器具や配線などが燃えているときは、いきなり水をかけてはいけない。

第4章　もし火災が起きてしまったら？

8　てんぷら油が燃えたとき

　もう一度、**図表1-1**を見てください。住宅火災の原因のトップはコンロ火災になっていますね。この多くは、揚げ物をしていてちょっと目を離した隙に油の温度が上がって出火した火災（揚げもの火災）です。

　揚げもの火災は、家庭の中で最も起こりやすい火災ですが、最も消火しにくい火災でもあります。

　揚げ物をする時の油の温度は180℃前後ですが、加熱を続けると次第に温度が上がって油の蒸気が出始め、さらに加熱を続けて油の温度が350℃前後になると発火温度に達して発火します。油温を180℃から350℃まで上昇させるにはかなり時間がかかりますし、その間には多量の油蒸気が発生して猛烈な油の臭いがしますから、料理中にてんぷら油が発火するほど加熱してしまうことは通常ではあり得ません。

　揚げもの火災が発生するのは、揚げ物の最中に、火をつけたままその場を離れてしまい、しばらくして気がついた時には出火しているという場合に限られるのです。

　揚げもの火災が発生したとき、水をかけることだけは絶対にしてはいけません。水が急速に気化して膨張し、燃えている油とともに爆発的に飛び散ります。大やけどを免れませんし、火災が燃え広がるきっかけにもなってしまいます。

　てんぷら油が燃えだしたとき、最も消火効果が高くて危険性が少ない

> **POINT**
> 　てんぷら油火災では絶対に水をかけてはいけない。燃えている表面を上から覆って消火する。

のは、前述した「住宅用（家庭用）消火器」を使う方法です。この消火器には「強化液」という消火剤が入っていて、油と化学反応を起こして油の表面に膜を作って消火します。直接油に放射せず、なべの縁にあてるようにして油面を覆うとよく消えます。火が消えたらすぐふたをして再燃を防ぐとともに、ガス栓を止めて油温が下がるのを待ちます。普通の粉末消火器でも油面を覆うように放射すると消火できないことはありませんが、消火効果という点では強化液の入った消火器とは比べものになりません。

　昔は、シーツ又は大きめのタオルを濡らして、自分の前に広げて、燃えているてんぷら油の鍋を上から覆いかぶせるようにして消火する方法が良いと言われていました。こうすれば消火はできるのですが、あわてて鍋をひっくり返したりすると危険なので、住宅用消火器が普及してきたため、消防でも今はあまり勧めていません。消火器がない場合の最後の手段と考えて下さい。

　てんぷら油が発火したらマヨネーズを入れるとよい、と書いてある本もあります。確かにポリエチレンのケースに入った相当量のマヨネーズを、ケースごと燃えている油の中に手前から静かに滑り込ませますと、ケースが溶けてマヨネーズが油の表面を覆い、間もなく消火します。しかし、燃えている油に静かにマヨネーズを滑り込ませることが難しいのです。思わず投げ入れたりすると、油が飛び散って非常に危険です。また大量の菜葉を入れると消火できる、と書いた本もあります。油温が下がりますから確かに消火できるのですが、菜葉に水気がついていると油がはねて非常に危険です。いずれも原理的には消火できないことはないのですが、危険性が高いのでお勧めしかねます。

　てんぷら油火災は、誰でも起こす可能性がありますから、住宅用消火器を是非一本台所に備えておくとよいでしょう。

9 灯油ストーブが燃えたとき

　灯油ストーブ火災では、火の着いた灯油が流れて周囲に延焼するのを防ぐことが大切です。灯油ストーブから出火する火災も、毎年出火件数の上位を占めています。灯油ストーブから出火する火災は、火災1件当たりの被害額が他の火災に比べてはるかに大きくなるのが特徴です。これは、灯油ストーブから火災が発生すると一気に周囲に延焼してしまう場合が多いということを示しています。灯油ストーブ火災の原因として多いのは、
(1) 火をつけたまま給油していてこぼれた灯油に着火する場合
(2) ポータブル型の灯油ストーブを、火をつけたまま移動させる途中でひっくり返したり、灯油をこぼしたりして着火する場合
(3) 灯油と間違えてガソリンを入れるなどにより異常燃焼する場合
(4) 洗濯物などの可燃物が灯油ストーブの上に落下して着火する場合
などです。FF型や温風型などの裸火が露出していない据置型の灯油ストーブは、(3)以外のケースでは火災を起こしにくいと言えるでしょう。
　昔、「灯油ストーブ火災はバケツの水で消せる」、「いや、水をかけるのはやめるべきだ」、という論争がありました。確かに、バケツの水を燃えている部分に一気にかけることができれば水でも灯油ストーブ火災を消火できます。同じ「油火災」と言っても、「水は絶対に禁物」の揚

POINT

同じ油でも、燃えている部分に一気に水をかけられれば水での消火も有効である。

げもの火災とは違うのです。81ペ
ージでも述べたように揚げもの火災の
場合は、油の温度そのものが上がっ
てしまっているため、水をかけると
爆発的に火の着いた油が飛び散った
りしますが、石油ストーブ火災の場
合は、灯油の表面が燃えているだけ
で灯油そのものの温度は低いため、
そのような心配は要らないからで
す。

　しかし、少しずつしか水をかけなかったり、燃えている部分に水がか
からなかったりすると消火に失敗することがあります。その場合には、
火が着いた灯油が水の上に乗って流れ出しますから、一気に周囲に燃え
広がる危険性があります。特に床に絨毯が敷かれていない場合にはその
危険性が高いと思わなくてはなりません。

　また、火が着いたストーブを庭先に蹴り出そうとして失敗し、火の着
いた灯油が周囲に流れ出して火災を大きくしてしまうなどというケース
もあります。

　このような危険を避けるには、水で濡らした毛布やシーツなどで燃え
ている部分を覆いその上から水をかけるとよいのです。窒息消火と冷却
消火の相乗効果で完全に消火できますし、あわてているため毛布などで
完全にストーブを覆えなかった場合でも、火の着いた灯油が流れて広が
るのを防ぐことができます。

　消火器がある場合は、燃えている部分に向かって掃くように放射すれ
ば消火できます。ただし、器具の内部から燃えている場合は、外から放
射しただけでは完全に消火することが難しいので、外側が消えた後で、
内部まで消火剤や水をかけます。それが難しければ、改めて毛布などで
覆って水をかければ万全です。

初期消火時に注意すべき 7 つのポイント

（1） 最初に、どこで、何がどのくらい燃えているのか、正しく見極めてから初期消火すべきかどうかの判断をすること。
（2） 炎を見ても動揺せずに、冷静に落ち着いて初期消火にあたること。
（3） 消火器が複数ある場合は、できるだけ数多くの消火器を用意すること。
（4） 初期消火するときは、背を低くして、風上側又は風横側から、煙を吸わないようにしながら、手前から掃くようにして消火すること。
（5） 一般的な消火器であれば、噴射時間は約15秒～18秒ぐらいなので、燃焼している部分（炎ではない）に確実に消火剤が当たるように消火すること。
（6） 鉄筋コンクリート造のマンションなどの一室で、気密性が高い部屋の火事の場合は、無理に部屋に入って消火しようとはせずに、ドアから数本の粉末消火器を噴射してドアを閉めておけば、火災の延焼拡大を抑制する効果があることも頭に入れておくこと。
（7） 消火できたと思っても、一時的に抑制しただけで、再燃する場合もあるので、燃焼物を屋外に出したり、水などで確実に消火すること。

POINT

初期消火時は背を低くし、風上側から手前から掃くように消火。

第 5 章
住宅火災における避難のポイントは？

1 避難はいつ開始したらよいか？

　火災になったら、自分と家族の身の安全を図ることが最も大切です。

　避難のポイントを覚えておきましょう。とにかく早く避難することが大切です。お年寄りや子供がいる場合は、火災が発生したらすぐ避難させなければなりません。また、初期消火に失敗した場合や、消火する時期を失った場合には、あなた自身もすぐ避難しなければなりません。避難が遅れると、そのまま死につながってしまいます。普通の住宅火災の場合、死者が発生した階を調べてみると、2階や3階より1階で死んでいる場合が多いのです。1階に寝ているのに火災に気付いたときには庭に逃げることもできない状態だった、という場合もありますし、2階から1階に降りてきたけれど、外までの逃げ道がもうなかった、という場合もあります。いずれにしろ「避難開始が遅れれば1階でも死んでしまう」と考えておかなければなりません。

　「決め手は早期発見と初期消火、危なくなったらすぐ脱出」です。

POINT

避難はとにかく早く。遅ければ1階でも死者がでる。

第5章 住宅火災における避難のポイントは？

2　避難するときは必ず戸を閉める

　避難するときは、燃えている部屋のドアは必ず閉めてから避難することが鉄則です。このドアが閉まっていれば、延焼拡大や煙の拡散を多少なりとも遅らせることができますし、酸素の供給を制限して火の勢いを弱める効果もあるからです。普通の住宅は避難する距離が短いので、避難するとき火災室のドアを閉めることができれば、避難はほとんど成功したものと考えてもよいほどです。燃えていない部屋から逃げる場合も、ドアを閉めておけば建物全体に延焼拡大していく速度を遅くすることができますから、被害を少なくするのに役立ちます。

POINT

　戸を閉めることで延焼の拡大や煙の拡大を遅らせることができる。

3 避難するときの姿勢はできるだけ低く

　避難が遅れて煙にまかれてしまった場合には、固くしぼった濡れタオルなどを鼻と口に当て、姿勢をできるだけ低し、状況によっては這うようにして避難します。煙や一酸化炭素などの有毒ガスは、熱せられて軽くなり、上の方に集まっています。姿勢を低くすれば、煙が薄くなって避難路を見通すことができるようになりますし、新鮮な空気も下の方に残っていますから、有毒ガスを吸いにくくなるのです。なお、濡れタオルを鼻や口に当てると、ススや煙を遮る効果がありますので呼吸は楽になりますが、一酸化炭素などの有毒ガスを遮る効果はありませんので注意して下さい。

POINT
　新鮮な空気は下の方に残っているので避難姿勢は低くが基本。

火災の煙の怖さを知る

　火災等が発生して避難する場合、一番怖く、また、注意しなければならないのが火災によって発生する煙です。避難の具体的な方法を学ぶ前に、火災の煙の特性と流動速度について知っておく必要があります。

　建物火災では、可燃物が多いと、大量の煙が発生します。この煙の中には、燃焼物によって一酸化炭素やシアンガス等の有毒ガスの成分が含まれていることが多いので、吸わないように注意しなければなりません。

　煙は、同温同圧の条件下では空気よりも重いのですが、火災の煙は高温で熱せられているため、空気よりも軽く、熱の働きにより浮力が生じ、また、熱気流もありますので、高温の煙層を天井面に形成していきます。

　燃焼がさらに進むとこの煙層の厚みが増し、部屋全体に煙が充満していきます。火災室のドアが開いていると、煙は火災室から廊下に拡散し、廊下に流出した煙は、高温である間は廊下の天井付近を流れます。

　一方、廊下の床付近は、火災室に向かう冷たい空気が流れており、廊下には二層の流れが形成されます。この境目を中性帯と言います（**図表5-1参照**）。この中性帯は避難する際に大きな役割を果たしますので忘れないでください。その後、廊下に流れ出た煙は、階段、ダクト又はエレベーターシャフト等の「竪穴」部分から「煙突効果」により上階へ広

> **POINT**
>
> 　火災時の煙は、高温なため空気より軽く、熱の働きにより煙層を天井に形成する。

がっていきます。

　火災室から廊下へ流出した煙の速さは、過去の火災実験などから0.5m/秒から1.0m/秒（時速2kmから4km）程度というデータが得られています。

　一方、人間の各種状況下における歩行速度は**図表5-2**のとおりです。火災の煙の横への拡散速度は、ほぼ人の歩行速度と同じです。しかし、階段室の煙の上昇速度は3m/秒から5m/秒（時速10kmから20km）に達するとされており、人間が階段を上がったり降りたりする速度よりもずっと速いのです。

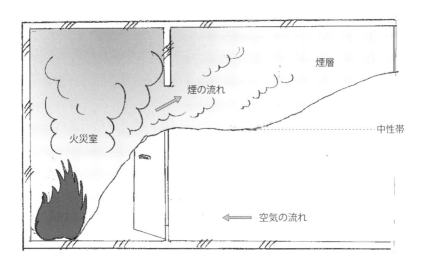

高温の煙は天井付近に流れ床付近には火災室に向かう冷たい空気の流れができ、廊下には二層の流れが形成される。

図表5-1　廊下における煙層と空気層の状況

第5章　住宅火災における避難のポイントは？

歩行者の種類	m/秒	各種の状況下	m/秒
遅い歩行者	1	膝までの水中での歩行	0.7
全体平均	1.3	腰までの水中での歩行	0.3
大学生等の若者	1.5	知らない暗闇の空間	0.3
軍隊の行進等	2	知っている暗闇の空間	0.7
高齢者等の災害弱者	0.8	群衆歩行(1.5人/㎡)	1

図表5-2　歩行速度の違い

93

5 一度避難したら絶対に引き返さない

　避難するとき、最も大切なのは「一度避難したら絶対に引き返さない」ことです。火災は時間を追って拡大しますが、ある時突然火の海になる「フラッシュオーバー」という現象を起こすことがあります（73ページ参照）。壮年の健常者が自宅の火災で死亡するのは、一度避難したのに大切なものを取りに戻ったためにフラッシュオーバーに巻き込まれて死亡する場合が多いのです。彼らも「もう危ないかも知れない」と思いながら引き返したわけではありません。「さっきは大文夫だった。まだ平気」と思ったから引き返したのです。火災は時間が経つと「突然火の海になる」ことがあることを忘れてはなりません。

POINT

　火災は突然火の海になることがあるので、絶対に引き返してはいけない。

第5章　住宅火災における避難のポイントは？

どのように避難したらよいのか
5つのポイント

　避難する際は、慌てず、避難方向を決めて、できる限り素早く避難することが大切です。この時に注意しなければいけないポイントは、次のとおりです。

①余計な荷物は持たないで避難すること。

　避難する際は、身の安全の確保が第一です。このため、煙を吸わないように口を覆うタオル等を除き、手には余計な物を持たないで避難することが基本です。

②ハンカチかタオルを鼻と口に当てて避難すること。

　火災の煙には、有害な物質が含まれていますので、避難する時は、ハンカチやタオルなどを鼻と口に当てて避難しましょう。

POINT

　とにかくす早く、できるだけ身軽に避難することが大切。

③エレベーターは使用しないこと。

　火災が発生した場合に、「エレベーターを使って避難してはならない」ということはよく知られています。その理由は、エレベーターシャフトやエレベーターの扉は煙を防ぐ性能が弱いことが多いため、火災が発生した階からの煙が進入しやすく、また、一般のエレベーターには非常電源が付いていないため、火災によって停電となったときは、エレベーターが停止して内部に閉じ込められてしまう恐れがあるからです。万一、エレベーターに乗っている時に火災が発生した場合は、すぐに最寄り階に停止し、エレベーターから脱出しましょう。

④姿勢を低くして壁伝いに避難すること。

　廊下などで、煙により視界が悪い（又は煙の匂いがしている）場合は、中性帯（92ページ参照）よりも低くかがみ、手で壁をさわりながら壁伝いに避難しましょう。

第5章　住宅火災における避難のポイントは？

⑤搬送しやすい器具・方法等を活用して避難すること。

　病人や自力で避難することができない人がいる場合は、大声で周りに助けを求めます。周囲に助けてくれる人がいなければ、車椅子があれば活用するのが一番です。

　もし、車椅子が無ければ、引きずったり、背負ったりして避難します。シーツやカーテン等を使って避難させる人を包み込み、その端を縛って、廊下や通路等を引きずるようにして避難する方法もありますが、床が滑りにくい絨毯等の場合は難しいと考える必要があります。

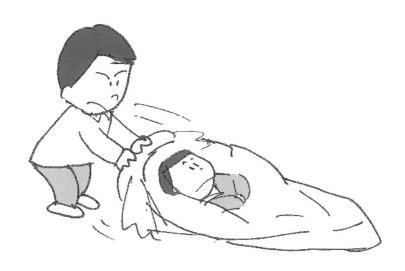

7 バルコニーを経由した避難

　日本の共同住宅は、普通、バルコニー経由で避難できるようになっています。バルコニーには、隣の住戸のバルコニーとの間に「容易に破壊できる仕切り板」が設置されていることが多いので、この仕切り板を蹴破ったり、ハンマーやバールでたたき壊したりして避難します。

　バルコニーによっては隣の住戸に避難できない位置や構造のものがありますが、その場合には、普通、バルコニーの床面に「避難用ハッチ」が設置されています。このハッチを開けると、下の階のバルコニーに降りる避難用のはしごや救助袋がありますので、それを降下させて避難します。子供がいたずらして作動させたりしないようストッパーがついていることが多いので、平常時に使い方を確かめておくとよいでしょう。

　仕切り板や避難用ハッチは、いざという時の大切な避難路ですので、物を置いたりして使えないようにすることは厳禁です。隣の住戸や上階の住戸からの避難路になっているところも同様の配慮が必要です。

　1戸建ての住宅で、避難器具や避難ロープなどを準備しているなら、階段を使って避難できない場合はそれらを使って脱出することも考えます。ただし、高齢になると、少し前ならできたことができなくなっていて転落、などということもありますので、注意が必要です。

POINT

　隣の住戸のバルコニーとの間を仕切り板を破壊して避難する。

8 最後の手段として篭城（ろうじょう）も考える

　共同住宅火災の場合、廊下や階段を使って避難できず、バルコニー経由でも避難することができなければ、篭城ということになります。耐火構造の共同住宅の住戸は、区画がしっかりしており、開口部には防火戸が設置されていますので、1時間はもちこたえることができます。篭城する場合は、ドアを閉め、隙間から煙が入ってくるようなら、シーツやタオルで詰め物をして水をかけ、煙や熱気が進入して来るのを防ぎます。次に、あなたがそこで篭城していることを外部に知らせます。携帯電話等を使えれば119番しますが、電話が使えなければ、窓から手を振ったりして合図します。篭城を知らせることができたら、とにかく、消防隊が救助してくれるまで持ちこたえる努力をします。ドアに毛布をかぶせて水をたっぷりかけると、部屋の温度が上がるのが防げます。浴槽には水を張って、いざという時に備えます。浴室の構造や位置などにもよりますが、浴室の開口部を同様に密閉して閉じ込もる方法もあります。

POINT

　ドアを閉め、隙間にシーツやタオルで詰め物をして水をかけて煙や熱気の進入を防ぐ。

9 避難時に注意しなければいけない6つの点

①一戸建て住宅の場合は、延焼拡大する危険性が高いため、火災の発生に気がついたら、できるだけ早く避難を開始すること。万一、2階にいて1階へ避難できなくなってしまった場合は、2階のドアを閉めて煙の進入を遅らせるとともに、2階の窓から、カーテンやシーツなどを結んでロープ代わりにして避難するか、最悪の場合は、布団やマットレスを落として、そこに飛び降りること。

②前①の場合に、万一、2階にお子さんや自力避難困難者の方が居る場合は、布団やベッドのマットレスを窓から地上へ落とし、シーツやカーテンでお子さんや自力避難困難者の方を包んで、その端を結び合わせ、その他のシーツ、カーテン又は毛布などをロープ代わりにして吊り下げて、布団やベッドの上へ降ろすか、近所の人が居たら、その人に確保してもらうこと。また、いざという場合に備えて、ロープなどの避難器具を準備しておくこと。

③高層マンションなどでは、避難する時は、エレベーターを利用しないで避難すること。

④高層マンションなどで、廊下、階段、バルコニーを使った避難ができない場合は、篭城することも選択肢の一つとすることとし、消防隊等に逃げ遅れてしまったことをバルコニーに出て知らせるか、携帯電話等で連絡すること。

POINT

　高層マンションなどでは、どこで火災が起こっているのかをきちんと見極めて対処する。

⑤煙だけで炎が見えないような状況で避難する場合は、ゴミ袋やその他の袋などに空気を貯めて、その袋を口にあてるか、又は被って避難する方法もある。

⑥高層マンションなどの火災の場合は、自分が住んでいる部屋の下で火災が発生しているのか、同じ階で発生しているのか、上の階で発生しているのかを見極め、下の階で発生している場合は速やかに近い階段へ、同じ階で発生している場合は、その火災室とは反対方向の階段に、上の階で発生している場合は、危険性は少ないので、慌てずに火災室と反対方向の階段に避難すること。

10 避難しやすく助けやすい1階に寝室を設ける

　高齢者の方が戸建て住宅の2階に住んでいて火災が発生した場合、一番の問題は避難の問題です。行動能力が低下している高齢者が2階から素早く避難することは困難です。従って、避難しやすく、かつ、助けやすい1階を寝室にすることが、高齢者を火災から守るとても重要な対策の一つです。この対策は、特に費用がかかるわけではありません。手軽に、簡単に取れる対策です。まだ対策を取られていないご家庭ではすぐに実行して下さい。

　また、避難するときに障害とならないように、廊下等に段差を設けないようにするバリアーフリー対策も忘れないで下さい。

POINT

　すぐに避難できるように寝室の場所を変えたり、バリアフリー対策などが重要。

第 6 章
住宅火災から命を守る15のポイント

<table>
<tr><td>**1**</td><td>**高齢者を火災から守るためには？**</td></tr>
</table>

　住宅火災による死者のうち、約7割が高齢者の方々です。高齢者の方々を火災から守るためには一体どうしたらよいのでしょうか？

　第3章6でふれたように、高齢者が居住する住宅では、寝たきりの老人や体が不自由な老人が居住する部屋に、布団が敷かれ、暖房用に裸火のストーブがあり、時には洗濯物がその近くに干されていたりしています。吸っていたたばこの火が布団や衣類又は近くの可燃物に着火し、出火してしまい、初期消火しようとしても近くには消火できる物がなく、ましてや運動機能が低下している高齢者の人たちには、素早く初期消火することは困難。家族は皆外出していて家の中には誰もおらず、自力ですぐに避難することも困難。その結果、逃げ遅れてしまう。これが高齢者住宅で火災が発生して、火災により死亡してしまう典型的なパターンです。

　住宅防火の予防対策には、**図表6-1**のような対策が示されています。それでは、高齢者を火災から守るにはどうしたらよいでしょうか？一部住宅火災の予防対策と重なりますが、高齢者の方を火災から守るためには、次に掲げる対策を推進していく必要があります。

POINT

　高齢者を火災から守るためにはふだんからの7つの対策がとても重要になる。

104

第 6 章　住宅火災から命を守る 15 のポイント

出典：総務省消防庁HPより

図表6-1　住宅防火の各対策

(1) 寝たばこは絶対しない
(2) ストーブの近くに燃えやすいものを置かない
(3) こんろに火を点けたままでそばから離れない
(4) 住宅用火災警報機を設置する
(5) 寝具やカーテンなどには防炎品を使用する
(6) 住宅用消火器等を設置する
(7) 日ごろから隣近所との協力体制をつくる

2 住宅の不燃化を促進する（内装の不燃化を含む）

　日本の住宅は、一戸建てが多く、また、木造がほとんどです。そのため、住宅の構造及び内装の不燃化を図っていく必要があります。住宅構造の不燃化のためには、防火地域の指定等による建築物の構造規制、市街地再開発事業、住宅市街地総合整備事業、住宅金融支援機構融資等による耐火建築物への建替えの促進、公営住宅等公共住宅の不燃化、都市防災総合推進事業による避難地・避難路周辺等の不燃化など各種の対策があります。

POINT

　戸建、木造住宅が多い日本の住宅では構造及び内装の不燃化が必要。

3 住宅における裸火の使用を抑制する

　住宅火災の出火原因の上位は、こんろ、たばこ、ストーブなどの裸火を使用していることが原因となっています（第1章参照）。そのため、火災を発生させないようにするにはなるべく裸火を使用しない生活スタイルに変えていくことが有効です。例えば、機会をとらえて、オール電化の住宅にしたり、こんろやストーブなどを裸火が露出しない構造のものや、てんぷら油火災を防止できる器具などに交換したりすることを心がけるとよいでしょう。たばこについては、禁煙がベストですが、たばこをやめることができないなら、せめて喫煙管理を徹底するようにして下さい。

POINT

裸火を使用しない、又はさせない対策が重要。

可燃物や洗濯物等を火気使用器具等の付近や上部に置かない

　ストーブの周りに可燃物を置いたり、また、ストーブの上に洗濯物等を干したりして、それが落下して、火災が発生することがよくあります。これらの火災を防止するためには、絶対にストーブの周囲や上部に可燃物や洗濯物を置かないように注意することが大切です。

POINT

　火を使う器具の周辺に燃えるモノを置かない。

第 6 章　住宅火災から命を守る 15 のポイント

ガスコンロ等を使用中にその場を離れないこと。もし離れる場合は、火を消してから離れること

　てんぷら油火災に代表されるように、揚げものをしている最中にその場を離れて火災が発生してしまうケースがかなりあります。ガスコンロ等を使用している時は絶対にその場から離れないように注意しましょう。

　万一、その場を離れなければならない時は、かならず火を消してから離れることにしましょう。

POINT

　ガスコンロは出火原因上位。絶対に目をはなしてはいけない。

自動消火装置設置型の火気使用設備器具

　住宅火災ではコンロが出火原因となることが多いので天ぷら油火災の防止やガスコンロの消し忘れによる火災を防止する、自動消火装置設置型の火気使用設備の設置が有効です。

図表6-2　自動消火装置付き火気使用設備

POINT

　火災を防止するため設備の設置をよく考える。

第6章　住宅火災から命を守る15のポイント

寝たばこは絶対にしない、させない

　平成27年中の住宅火災の出火原因の第2位はたばこです。特に寝たばこによる火災が多くなっています。絶対に寝たばこをしない、させない喫煙管理が必要です。また、万一、たばこの火が布団などの寝具類に着火しても、防炎性の高い寝具類であれば燃え広がりを遅らせることができます。どうしてもたばこをやめられない人は、寝具を「防炎ラベル」のあるものに交換することも考えましょう。

POINT

　たばこは出火原因第2位。寝たばこなどもってのほか。

8 消防訓練等に参加し、消火器具の使用方法を習得しておく

　火災はいつ、どこで発生するかわかりません。万一の場合に備えて、町会等で実施する消防訓練等に積極的に参加しましょう。特に消火器などの消火器具の取扱い方を習得しておくことが重要です。実際に一度訓練しておくと、いざという時でも落ち着いて消火できます。

POINT

　いざと言う時のために実地に使っておくことが非常に大切。

第 6 章　住宅火災から命を守る 15 のポイント

スプレー式消火器や住宅用警報器の設置

　一般的な消火器はかなり重いので、高齢者の家庭などでは、手軽に操作できるスプレー式消火器（**図表6-3参照**。）などを設置しておくとよいでしょう。粉末消火器では消火しにくいてんぷら油火災に効果があるものもありますので、その特性をみて購入するとよいと思います。

図表6-3　スプレー式消火器

POINT

　消火設備には、手軽に使えるモノ、便利なモノいろいろあるので用途に合ったモノを備える。

また、住宅火災による死者を防ぐために、火災を早く発見して、すぐに消火したり避難したりできるよう消防法が改正され、1戸建て住宅を含め、すべての住宅には原則として住宅用火災警報器の設置が必要となりました（19ページ参照）。

　住宅用火災警報器が設置されてから火災による死者は減少しています（51ページ参照）。平成28年6月の調査では、全国の世帯の約2割が住宅用火災警報器がまだ未設置であるとの結果が出ています。住宅火災で死者を出さないためには、住宅用火災警報器を早期に設置することが大切です。また、住宅用火災警報器の寿命は10年程度です。日本製の場合、電池の寿命も10年程度のものが多いので電池が切れたら警報器本体を交換することを考えて下さい。

出典：総務省消防庁HPより

図表6-4　住宅火災警報器

第 6 章　住宅火災から命を守る 15 のポイント

10　車椅子型避難器具（車椅子ごと2階又は3階のベランダ及び窓から避難できる器具）などを準備する

　自力避難困難者の方が住宅の2階やマンションの上層階の部屋に住んでいる場合、万一、火災が発生したらどのように避難したらよいでしょうか？最近では、車椅子型の避難器具が開発されています。階段を引きずっておろすための器具もあり（図表6-5）、数階程度ならこれでも十分です。写真では二人でおろしていますが、一人でも可能です。

　2階以上の部分に高齢者や自力避難困難者の方が居る家庭では、このような避難器具を設置しておくとよいでしょう。また、マンションなどでは、管理組合の備品として、できれば各階ごとに備えておくと、大地震時の負傷者の救出などにも使えます。

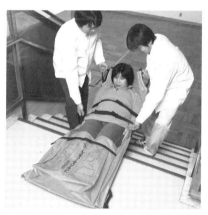

図表6-5　階段を引きずっておろす器具

POINT

　自力で避難することが困難な人には、そのための設備があるので要チェック。

11 車椅子利用者等が火災時に安全に使える エレベーター

　車椅子を使っている高齢者や身体不自由者の方が高層マンションの上階に居住している場合、火災が発生したらどうしたらよいでしょうか？

　火災の時は普通のエレベーターを使って避難するのは危険です。停電してかごが途中で止まってしまったり、エレベーターシャフトに火煙が侵入してきたりする可能性があるからです。しかし、一人では階段を使って避難することはできないでしょうし、誰かが手伝ってくれたとしても高層階から階段を使って避難するのは非常に大変です。

　高さ31mを超える建築物（高層建築物）には原則として非常用のエレベーターが設置されています。

　このエレベーターは、火災時に消防隊が使うことを前提として作られており、火災時にも使用できるよう、煙の侵入を防いだり停電時でも使えるよう予備電源を持ったりしています。

　非常用のエレベーターは、消防隊が到着する前なら安全に使えますが、消防隊が到着すると優先的に使用しますので、一般の人が呼んでも来ないこともあります。

　非常用エレベーターの乗降ロビーは他の部分から火煙が侵入しないように作られていますので、火災が発生したらここで待機して、消防隊に助けてもらうというのも良い戦略です。

POINT

　非常用エレベーターは火災時でも使えるが、高層建築物以外には必ずしも設置されていない。

第6章　住宅火災から命を守る15のポイント

　高層建築物以外の建物には必ずしも非常用のエレベーターは設置されていませんが、これから足の不自由な高齢者等が高層マンションに住むこともどんどん増えて来ますので、このような建物にも、非常用エレベーターと同じように火災時にも安全に使えるエレベーターや、エレベーターを待つ間火煙から守ってくれる安全な待機スペースなどを用意しておくことが必要な時代になってきています。

12 防炎物品及び防炎製品（防炎寝具類）等を使う

　たばこの火が布団や枕に着火してしまったり、料理中のこんろの火や暖房中のストーブの火が衣服に着火してしまうと、人命危険に直結します。このような火災を防ぐには、寝具類や衣類を着火しにくいもの（防炎品）にしておくとよいのです。

　このような防炎品を使っていれば、着火しにくいだけでなく、万一着火してもすぐに消すことができます。火災から命を守るためには、できるだけ、このような防炎性の高い物品や製品を使うようにしましょう。

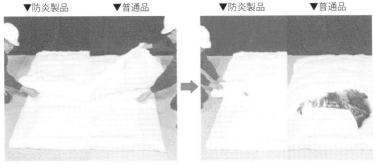

図表6-6　防炎製品の比較

POINT

　人命に直結する衣服や寝具類などはできるだけ防炎品を使う。

13 住宅用スプリンクラー（SP）を設置しよう

　住宅火災から命を守るためには色々な対策がありますが、その中で、最強の対策は、住宅用スプリンクラー（以下「住宅用SP」といいます。）を設置することです。皆さんは、大きなデパートや映画館などの天井に、SPヘッドが設置されているのを目にしたことがあると思います。このSPは、火災の熱を感知して、自動的に消火してくれる消火設備です。非常に消火能力が高い上、人が消火するのではありませんから、あわてて消火に失敗するなどということもありません。日頃の維持管理が悪かったり、SPヘッドの側に邪魔になる物が置いてあって散水障害があったりすると適正に機能しないことがありますが、適切に管理さえしていれば、とても大きな効果を発揮する非常に優れた消火設備です。

圧力水槽消火装置による自動消火の導入例

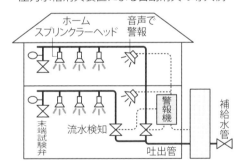

図表6-7　住宅用スプリンクラー

POINT

　スプリンクラーは非常に消火能力が優れている設備。住宅にも設置し維持管理をきちんとおこなう。

14 隣近所で助け合おう
日頃から準備しておくことが大切

　皆さんは「村八分」という言葉をご存知ですか？この「村八分」という言葉は「村の掟などを破った者を村のイベントの際に仲間はずれにする」という意味です。その時、全イベントの「八分」については仲間外れにしますが「二分」については仲間はずれにはしない、というしきたりがあるため「村八分」というのです。では残りの「二分」とは何を意味しているのでしょうか？　それは、ずばり「葬式」と「火事」なのです。日本では、昔から人が死んだ時と火事が起きた時だけは、普段どんなに仲間外れにしていても、お互いに助け合いましょうという考え方なのです。

　このように「村八分」でも火事の時は別です。ましてや普通の地域生活が行われていれば、火事の場合の助け合いは当然のことです。もし、一人暮らしの高齢者や寝たきりの人がご近所にいたら、火事の場合は皆さんで助けてあげてください。

　住宅以外の施設が地域の中にある場合も同様です。例えば、老人福祉施設と近隣住民とが相互応援協定を締結したり、特別養護老人ホームと隣の事業所が相互応援の協定を締結したりする例もあります。日本は超高齢化社会へ突入しましたので、今後、このような相互応援協力体制の構築を図っていくことが益々必要になっていくと考えられます。

POINT

　もし火事がおこれば、隣近所、地域で助け合うのは当然のこと。

15 一人暮らしの家庭への定期訪問など

　高齢者になっても、同居する人がいれば心強いと思いますが、超少子高齢化時代に突入してしまった最近では、難しい場合も多いと思います。これからは、火災時の安全も含めて、一人暮らしの高齢者への対策が今以上に必要になってきます。

　一人暮らし高齢者住宅への公的な定期訪問制度の構築が望まれますが、そこまででなくても、近所の方のさりげない目配り、民間事業者の定期訪問サービス、宅配便や郵便物の配達人、保険外交員などの立ち寄りサービスなどを組み合わせて、地域全体で安心・安全を確保していく仕組みの構築などを考えていく必要もあるかも知れません。

　人手不足の昨今、AI機能を搭載したロボットの貸し出し、スマートフォンのGPS機能やスカイプ機能の活用など、訪問しなくても一人暮らしの高齢者の安全を確認できるシステム等を構築するという手もありそうです。様々な手段を駆使して安全・安心を確保していくことが求められています。

POINT

　一人暮らしの高齢者住宅が増える中で地域全体で安心安全を確保していく仕組みづくりが大切。

第 **7** 章

もし大地震が起きた場合はどうするか？

大地震で市街地大火が起こる。
地震だ！　火を消せ！

　「地震だ！火を消せ！」という言葉は、子供の時から教育されて来ました。日本人なら、その意味が「大地震が起きた時に火を使っていると、家がつぶれたり家具が倒れたり物が落ちてきたりして、火と可燃物が接触し、火事になってしまう危険が高い。大地震時には消防隊もすぐ来てくれない。そのまま燃えてしまう可能性が高いし、近隣に燃え拡がって街中燃えてしまうことにもなりかねない。そうならないように、地震だと気づいたらすぐに使っている火を消すことが大切。このことは日頃から心がけ、小さな地震の際にも声をかけあって、いざという時反射的にできるようにしておきなさい」ということだということは、誰でも知っているでしょう。

　この「地震時の心得」は当たり前のように思うかも知れませんが、世界の多くの国では必ずしもそうではありません。その理由の一つは、世界の多くの国や地域では、そもそも地震がなかったり、日本より地震がはるかに少なかったりするからです。

　もう一つの理由は、地震が時々起こる国でも、火災時に消防隊が来てくれないと急速に近隣に燃え拡がって街全体が燃えてしまう、ということはあまりないからです。これは、先進国でも発展途上国でも、密集市街地に建てる住宅はレンガなどの不燃材料で造ることが多く、木造に比べて遙かに火災が起こりにくく燃え拡がりにくいためです。

POINT

地震が起きたらまずは何をおいても火の始末。

第7章　もし大地震が起きた場合はどうするか？

2　大火を防ぐ防火木造とはどんなものか？

　木造住宅は火災になりやすいですし、いったん火災になると急速に住宅全体に燃え拡がります。また、隣接する住戸も木造であれば簡単に延焼してしまいます。

　江戸時代にはそういう街並みが始終大火を引き起こしていたということはご存知の方も多いと思います。火災になりやすく隣棟延焼しやすい、というそんな市街地構造は明治維新以降にも引き継がれました。明治維新（1968年）から太平洋戦争直前の昭和14年までの72年間に、一

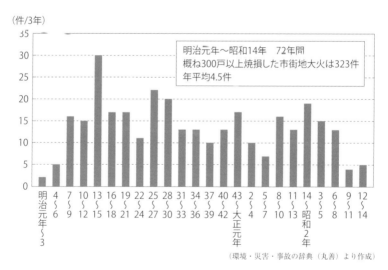

図表7-1　明治元年～昭和14年の市街地大火（概ね300戸以上焼損）の変遷

POINT

　屋根を不燃とし、延焼の恐れのある部分にモルタルをコーティング。

度の火災で概ね300世帯以上が焼け出されるいわゆる「市街地大火」は323件発生し、年平均4.5件にも達しています。

　そんな火災に弱い市街地構造だったため、太平洋戦争末期には、空襲により日本の主要都市の多くが焼き払われてしまいました。戦争終結後も、戦後の社会が混乱し消防力が弱かったせいもあって、市街地大火が続発しました。

　そこで当時の人たちは、「防火木造」という建築構造を考え出しました。防火木造というのは、基本は木造住宅ですが、屋根を不燃とし、延焼の恐れのある部分にある壁と軒裏は木造の上にモルタルをコーティングするとともに開口部に網入りガラスをはめる、というものです。

　戦災復興の際、本当はパリやベルリンのような耐火構造の立派な街並みを造りたかったようですが、当時の日本は経済的に疲弊しきっていて、とてもそんな余裕はありませんでした。

　防火木造は、隣接住宅が火災になっても20分〜30分は延焼せずに持ちこたえることができますが、所詮は木造なので、やがて燃えだしてしまいます。そうならないようにするには、消防隊が早く駆けつけて早く消火してしまうことが不可欠です。このため、市街地の住宅を防火木造で建設することと合わせて、消防力の整備が行われました。

　密集市街地の大火対策としては、先進国だけでなく発展途上国でも、「住宅等をレンガなどで造って不燃都市を建設する」という戦略をとっているのですが、貧しかった当時の日本では、「木造の上にモルタルをコーティングするという中途半端な建築構造と、それを補うための消防力の整備」という、世界的にも希有な戦略をとらざるを得なかったのです。レンガ造の住宅は地震に弱いため、日本では推奨しにくいということも大きいのだと思います。

3 防火木造と消防力で市街地大火を防ぐ戦略の成功と失敗

　2項で記した戦略は大成功でした。図表7-3に見るように、上記戦略を始めるや、明治維新以降変わらなかった市街地大火件数が激減し、昭和40年代の初め頃には後を絶ってしまったからです。

　しかし、この戦略には大きな問題がありました。消防力が機能している時には市街地大火を封じ込めることができるのですが、消防力が機能しなくなったり、火災が同時多発して消防力を超えるような事態になると市街地大火が起こってしまう、という市街地構造が温存されてしまったのです。

　このため、阪神・淡路大震災では焼損面積3万3000㎡以上の「市街地大火」が6件も発生してしまいましたし、東日本大震災では津波に襲わ

出典：一般財団法人消防防災科学センター
「災害写真データベース」

図表7-2　津波と津波火災による被害

POINT

　消防機能を超える火災が同時多発したりした場合は市街地大火が起こってしまう可能性も

れた多くの地区で「津波火災」が発生し、2件は「市街地大火」に発展しています。

「津波火災」というのは、津波で破壊された木造家屋の残骸や家具調度類などが津波によって流れ寄せられ、そこに自動車やプロパンガスボンベなどが燃えながら流されて来ると着火して火災になってしまうものです。山際に流れ寄せられた津波漂流物などが燃える場合が多いのですが、市街地に置き去りにされた漂流物に火がつくと、地震にも津波にも耐えた市街地が、結局燃えてしまうなどということが起こってしまいました。

昭和51年の酒田大火や平成28年に発生した糸井川市の火災は、強風のため猛烈な飛び火が発生し、その飛び火によって風下の多数の地点で同時に火災が起こり、消防力を上回ったために消火しきれなかった火災です。飛び火によって容易に延焼するというのも、木造住宅の大きな特徴です。

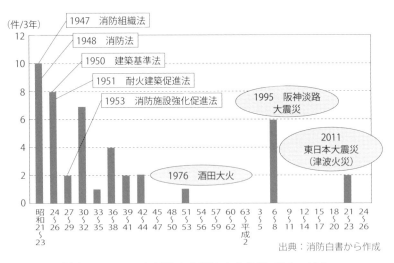

図表7-3　1946年以降の市街地大火件数（3年ごと）

市街地大火：焼損床面積3万3000m²以上の火災のうち工場など大規模な建物火災を除いたもの

4 地震だ！ 火を消せ！ はマンションでも大切

　それでは、「地震だ！　火を消せ！」という言葉は、マンションなど耐火構造の住宅では時代遅れなのでしょうか？そんなことはありません。

　大きな地震では、家具が倒れたり、高いところに置いてある物が落ちてきたりしますので、火と可燃物が接触する機会が普段に比べて急増します。大地震の時には消防隊がすぐに来てくれるとは限りませんから、それで火災になってしまったら、自分たちで消火器などを使って消火しない限り、住宅全体が燃えてしまいます。

　地震が発生したら、使っている火をすぐに消して、火災になる可能性をできるだけ少なくするというのは、地震国日本だからこそ言い伝えられて来た、立派な教訓なのです。

POINT

　地震が発生したらとにかくすぐに使っている火を消すことが大事。

5 地震で火災を発生させないために ①火を使用していた場合は？

「火を使っている時に地震だと気づいたらすぐに消す」というのが昔からの教えでした。それはそのとおりなのですが、震度6強とか震度7などの直下型地震が突然襲ってきたら、揺れている最中には、とても火など消している余裕はない、というのが阪神・淡路大震災で改めて気づかされたことでした。

そこで、現在では「地震だ！火を消せ！」は次のように行動すべきだと教えられています。

① 「火を使っている時に地震だと気づいたら、火を消せるようならすぐに消す」

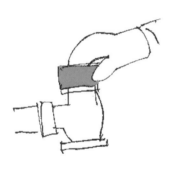

ガス栓、器具栓を閉める

室内の火は消す

POINT

いきなり大きな火になることはないので、パニックにならず地震の揺れがおさまった後に消火器で消火する。

第 7 章　もし大地震が起きた場合はどうするか？

　海溝型巨大地震のような地震は、本格的に揺れ出す前に多少の初期微動の時間帯があります。その時間帯なら、火を消す余裕もありますし、やけどなどの危険性も高くありません。地震を体感しても多くの場合小さな揺れのまま治まってしまいますが、それは大地震時に備えた練習だと考えて、とにかく地震だと気づいたら、使っている火は消せる限りすぐに消す、ということを習慣づけることが大切です。

② 「火を使っている時に地震だと気づいても、強烈な揺れだったら無理して消そうとしない。地震が治まって火を消せる状態になったらすぐに消す。万一、他の可燃物に燃え移って火災になってしまったら、消火器で消す」

　火災になっても、いきなり消火器では消せないほど大きな火になることは、普通はありません。必ず一定の時間をかけて大きくなっていきます。巨大地震だと数十秒続くこともありますが、目の前で使っていた火に何かが接触して火災になってもパニックにならないことです。揺れがある程度治まってきたら、消火器を取ってきて消す余裕は十分あります。もちろん、そういう事態に備えて、キッチン等火気を使用する部屋には必ず消火器を置いておくこと、消火器は火気使用設備の周辺が火災になっても取りに行ける位置に置いておくこと、地震で転がらないように固定しておくこと、消火器の使い方を消防訓練の時などによく習っておくことなど、日頃の備えが必要なことは言うまでもありません。

131

6 地震で火災を発生させないために ②人がいないところで発生する火災が恐い

　地震で恐いのは、人がいないところで発生する火災です。人がいないところや気づかない間に火災が発生して大きく成長し、突然人がいるところに襲って来る、というパターンが被害を大きくします。火災報知設備は、そのようなパターンの火災を防ぐためにあると言っても過言ではありません。

　大地震が起きても、何もないところで突然魔法のように火災が発生することはありません。火災は可燃物と高温の物体が接触することによって起こりますので、地震をきっかけに火災が発生する可能性があるところは、住宅の中でも限られます。暖房器具やボイラーなどの火気使用設備のほか、プロパンガスボンベや灯油タンクなどの燃料タンクと配管なども要注意です。これらの要注意箇所は、ちょっと考えればわかりますので、あらかじめチェックしておき、地震がおさまったら、消火器を片手に点検して回ります。ボイラーが異常燃焼している、タンクが破損している、油が漏れている、配管がはずれている、火が出ている、などということがあれば、火災にならないように措置すればよいのです。

　地震で家具の下敷きになっている家人がいても、まず、こうして火災の芽を摘んでから救出行動に移ってください。この手順を省くと、身動きできない家族を見捨てて火災から逃げなければならない、などという悲劇が起こる可能性があります。

POINT

　地震をきっかけに火災が発生する可能性のあるところは限られる。日常の中でチェックをしておこう。

地震で火災を発生させないために
③通電火災を防ぐ

　地震時の火災原因として、覚えておかなければならないものに「通電火災」があります。通電火災とは、地震で停電し、電力会社が復旧して通電したとき、電気を使っている状態で放置されていた電気器具から出火することです。

　大地震では、家の中がメチャメチャになり、何とか家の外に脱出した後、避難所などに避難する、ということが多いのですが、その時、使用中だった電気器具は、他の家具と同様に放置されたままです。地震と同時に停電することが多いので、その時は何でもないのですが、電力網の復旧が済んで通電すると、電気器具が使用状態になったり、短絡しているところに電気が通ったりします。

　使用状態になった電熱器の上に家具が倒れていたりすれば、すぐに火

POINT

　火災発生を防ぐために、地震で避難するときは、ブレーカーを切ってから避難する。

災になってしまいます。阪神・淡路大震災の時には、電気ストーブなどのほか、熱帯魚のヒーターからの出火が多かったと報告されています。電熱器などでなくても、地震で破損して器具や配線が短絡しているところに通電されれば、同じように火災になります。

　このような通電火災は、避難などで家を離れる前にブレーカーを切ることで防ぐことができます。「避難する時にはブレーカーを切って」というのが、阪神・淡路大震災以後にできた、新しい教訓です。

　「感震ブレーカー」というものもできています。一定以上の大きさの地震を感知すると、自動的にブレーカーが落ちますので、そのまま避難しても通電火災にはなりません。ただ、地震と同時に家中の電気が切れてしまいますので、避難などに支障をきたす可能性があります。地震と同時に周囲一帯が停電するなら同じことですが、周囲は停電していないのに自分の家だけ電気が切れている、という状態になる可能性もあります。ディレイ装置がついていて、地震後しばらくしてからブレーカーを落とすというタイプもありますので、高いけれど、設置するならそちらの方がお勧めです。

　「感震コンセント」というのもあります。ブレーカーだと家中の電気が切れてしまいますが、感震コンセントは、そこから電気をとっている電気器具が使えなくなるだけです。電気ストーブや熱帯魚のヒーターなど、通電火災を起こしそうな電気器具だけは感震コンセントから電気をとるようにする、という方法もあります。この場合は、他の電気器具が短絡したりしていると、そこから通電火災が発生する可能性がありますので、「避難する時にはブレーカーを切って」は実行する必要があります。

図表7-4　感震コンセント

第7章　もし大地震が起きた場合はどうするか？

8 地震で火災を発生させないために ④事前の備え

　地震で火災が発生するのを防ぐために、できるだけ事前に備えをしておくことも大切です。

　ストーブなどは、耐震自動消火装置つきのものにします。一定以上の地震を感知すると自動的に火が消えるものです。日本製のストーブなら、随分前からこの種の装置がついていますが、古い製品や安い輸入品などには、ついていない可能性もあります。ご家庭のストーブなどをもう一度見直し、耐震自動消火装置つきのものでなければ、買い換えることをお勧めします。

図表7-5　耐震消火装置付きストーブ

POINT

　耐震自動消火装置つきなど、安全性の高い各種日用製品を使う心がけを。

プロパンガスのボンベや灯油タンクなどが地震で転倒すると、接続部が外れたりして燃料が漏れ出し、火災になったり爆発したりする可能性があります。これらには、地震でも倒れないような措置がされていると思いますが、腐食していたりすることもありますので、時々点検し、危ないと思ったら、業者に転倒防止措置などを依頼する必要があります。
　また、地震により可燃物が転倒したり落下したりして火を使っているところや高温の物体に接触すると、火災になってしまいます。火気使用設備や高温となるものの周りには、転倒したり落下したりするものがないよう、配置に気をつけ、整理整頓にも注意することが必要です。

地震で火災を発生させないために
⑤万一、火災になってしまった場合は？

　万一火災になってしまった場合の対応行動は、基本は第4章で述べたことと同じですが、幾つか注意すべき点もあります。

　火災が発生したら、大声で「火事だー！」と叫びながら、消火活動を行います。周囲に誰かいれば、消防機関に通報してもらったり、子供や高齢者の避難を手伝ってもらったり、消火を手伝ってもらったりします。…と、ここまでは、地震時だからといって変わりません。

　ただ、通報しようとしても電話が通じないかも知れませんし、消防隊が対応できないかも知れませんので、ダメだと判断したら、早めに別の行動に移る方が賢明です。

　消火できない場合、普通の市街地であれば、近隣への延焼を防ぐことがポイントになります。普段なら消防隊が行う業務ですが、大地震時には期待できないので、大声で近所の人に知らせ、協力して消火したり、隣戸の外壁や軒裏などに水をかけて延焼を防いだりすることが必要です。

　マンションの一室で地震時に火災が発生した場合は、消火できなければ可能なら全部の窓を閉めてから脱出し、玄関のドアも確実に閉めます。その後、防災センターに火事だと連絡したり、隣近所の住戸に火事だと知らせて回ったりします。普通のマンションの場合、窓や玄関をすべて閉めることができれば、消防隊が来られなくても、隣や上階の住戸

POINT

　地震の場合、火事の通報ができなかったり、消防機能が動けなかったりするので延焼防止対策を自分で行う。

を延焼させずに済む可能性も大きいのです。

　また、この状態で、粉末消火器を何本か集めることができれば、郵便受けなどの隙間から放射すると、消火できることもあります。ただ、一度火災を閉じ込めた後、扉を大きく開けると酸素が供給されてバックドラフトなど急激な爆発的燃焼を起こす場合もありますので、無理に消そうとせずに消防隊を待つ方が賢明です。

付　録

火はなぜ燃えるのだろう？

1 モノが燃えるために必要な３つの条件

　モノが燃える（燃焼）とは、可燃性の物質が空気中で、多量の熱と光の発生を伴う急激な酸素との結合反応（酸化反応）を起こすことです。ライターで紙に火をつけると炎を上げて燃えますが、この現象は、「紙の主成分であるセルロースが熱分解して一酸化炭素や水素など可燃性のガスを放出し、それらのガスが空気中の酸素と反応して二酸化炭素と水を生成する発熱反応である」と説明できます。

　ところが、同じ紙でもページ数の多い月刊誌や電話帳に着火すると、一部は燃焼するものの完全に燃え尽きることはありません。燃え残っている部分を棒などで持ち上げ押し広げ、うちわで扇ぐと再び炎を上げて燃え始めます。このように、着火後に燃焼を続けるには、可燃物の量に応じた着火源の大きさ（エネルギー量）や酸素の量など、一定の条件が必要で、それが３つあります。

　燃焼には、①可燃物（燃えるモノ）、②酸素（酸化反応に必要）、③熱（酸化反応をおこすための点火エネルギー）が不可欠です。これらを燃焼の３要素といい、いずれか一つが欠けても燃焼は起きません。そして、燃焼を継続させるためには、連鎖反応が必要になります。

　例えば、ローソクが燃えることを考えてみましょう。

　一般的なロウソクは、炭素と水素からなるパラフィンを主な原料としています。ロウソクの芯の先端に点火すると、その熱でパラフィンが溶

POINT

　燃焼とは①可燃物、②酸素、③熱の３つの要素が必要不可欠である。

付録　火はなぜ燃えるのだろう？

けて液体になり、更に、気化して燃焼します。この熱により、ロウソク本体の固体のパラフィンが溶けて液体となります。液体のパラフィンは、毛細管現象により芯を伝わって上昇し、炎の中心部で芯の表面から気化します。

気化したパラフィンは、炎の熱により可燃性の気体に分解します。炎の外側の空気中の酸素と、熱分解により発生した炭素と水素が結合してそれぞれ二酸化炭素と水（水蒸気）を発生して燃焼が継続します。

また、ロウソクの炎の周囲の空気が熱せられ、上昇気流が発生し、常に新鮮な空気が供給されることも、燃焼が継続する要素です。

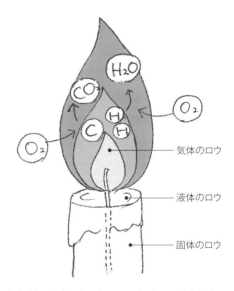

ロウソクは点火されると炎によりパラフィンが分解して酸素（O_2）と反応し、二酸化炭素と水を発生し燃焼が継続する

2 燃焼に必要不可欠な可燃物とはどんなものか？

　可燃物とは、一般には「火を付けると燃えるもの」と理解されていますが、化学的には「①酸素と結合することができ（酸化反応）、②この反応により発熱する物質」とされています。可燃物には、固体、液体又は気体があります。可燃物の形態により、燃焼の状態も変わります。可燃物が燃焼している部分に酸素の供給が十分であれば完全に燃焼し、逆に酸素の供給が不十分（燃焼している範囲が広くなり、中心部分等に十分酸素が供給されない状態）であると不完全燃焼となります。

紙なべは、その中に水が入っているので
直接火にさらされても燃えない

POINT

　可燃物にはこの他にも一般的に燃焼により発生する熱をエネルギーとして利用する燃料などがある。

付録　火はなぜ燃えるのだろう？

①水分を含んだ可燃物

　木材を燃焼させるとき、水分を含んでいるものは、乾燥したものに比べて燃えにくくなります。これは、含まれている水分が蒸発する際に熱が奪われることにより、燃焼が緩やかになるためです。このように、液体が気化することによってその物体から奪われる熱を蒸発潜熱といいます。水を入れた紙製の器をコンロで加熱しても、水がある間、紙は燃えませんが、これも蒸発潜熱による現象です。この場合は、熱が水の温度を上昇させ、さらに、沸騰して水蒸気を発生させることに使用されます。このことを利用したのが、紙製の鍋料理や奉書焼きです。

②金属も可燃物？

　酸素と結合していない金属単体は、一般に緩やかに酸化され錆等が発生します。この酸化が急激に進行すると燃焼に至る可能性があります。金属のうち、カリウムやナトリウム等のアルカリ金属は、常温で水と激しく発熱反応をして水素を発生して発火します。また、カルシウムやストロンチウム等のアルカリ土類金属も同様の反応をしますが、反応速度が緩やかであるために自ら発火しません。ただし、火源があれば発火する危険性があります。

　鉄は、板状のままでは、ライターなどの火源を用いて燃焼させようとしても燃えませんが、繊維状のスチールウールや粉状のものは、同じ重量の鉄板に比べて表面積が極めて大きくなるので火源により燃焼をします。

注）塊状の鉄であっても、高圧の酸素中といった特殊な条件下では燃焼をします。

　また、アルミニウムの板状のものは、表面に安定性の高い酸化被膜が生成されていて酸素と容易に反応しない状態になっていますが、酸化被膜を取り除き、粉状にして表面積を増やすと激しく燃焼します。

3 燃焼に必要不可欠な 酸素とはどんなもの？

　燃焼に必要な酸素は、通常、空気中に21%含まれています。そして酸素の量が十分に、かつ、継続的に供給されれば燃焼は継続します。また、酸素濃度が高くなれば、反応がより活性化し、より激しく燃焼します。つまり、燃焼を継続するには一定の酸素濃度が必要であり、この酸素濃度を限界酸素濃度といいます。一般に、空気中に含まれる酸素濃度が14%～15%になると燃焼が継続できなくなるといわれています。

　しかし、空気中の酸素が供給されなくても燃える場合もあります。消防法の第1類の危険物（酸化性固体）に該当する過塩素酸ナトリウム、過マンガン酸カリウムや、第6類の危険物（酸化性液体）に該当する過塩素酸、過酸化水素のように燃焼に必要な酸素が含まれている化合物があるのです。このような物質は、酸素の供給源となることがあります。第1類と第6類の危険物は、それ自体は燃焼しませんが、酸素を多く含有し、これにより他の物質を強く酸化したり、混在する他の可燃物の燃焼を促進させたりする性質を持っています。

　また、他から酸素の供給を受けなくても物質自体に含まれている酸素が供給源となるものもあります。消防法の第5類の危険物（自己反応性物質）に該当する過酸化ベンゾイル等の有機過酸化物は、加熱分解などにより比較的低い温度で大量の熱を発生させ、点火エネルギーがあれば爆発的に燃焼する性質を持っています。

POINT

　燃焼を継続するには、空気中に含まれる酸素濃度が14%～15%以上は必要だ。

付録　火はなぜ燃えるのだろう？

燃焼に必要不可欠な熱源・点火エネルギーとは？

　可燃物を燃焼させるためには、当該可燃物に着火し、かつ継続燃焼できる熱エネルギーが必要です。また、燃焼を開始させるためには、発火源としての点火エネルギーが必要です。発火源としては、例えば木材を点火させるために使用するマッチやライター等が代表的なものです。この他にも、点火エネルギーとなるものには、加熱、摩擦、衝撃、電気火花、静電気火花等があります。更に、物質の混合による反応熱や発酵による発生熱も、化学的な点火エネルギーとなることがあります。

①引火点と発火点
　引火点と発火点は、どちらも可燃物が燃焼を開始する時の当該可燃物の温度のことですが、現象面で大きな違いがあります。

(1) 引火点と燃焼範囲
　ガソリンのような可燃性液体は、空気中で温度を上げていくと可燃性の蒸気が発生します。この可燃性の蒸気を液面の近くで火源を用いて発火させた場合に、燃焼を開始する温度のことを引火点といいます。可燃性液体は、引火点以上に加熱され、付近に火源があると燃焼をすることになります。
　密閉容器の中で可燃性の蒸気と空気が混じり合った状態で点火する

POINT

　燃焼をおこすためには着火する点火エネルギーと熱エネルギーが必要不可欠。

145

と、可燃性蒸気の濃度が一定の範囲内であるときには爆発します。この爆発を起こす空気中の可燃性蒸気の濃度範囲を、燃焼範囲（爆発範囲）といいます。可燃性蒸気の濃度が（空気に対しての割合を容量パーセントで表します）、この燃焼範囲より薄くても濃くても爆発はしません。

　また、この燃焼範囲（爆発範囲）のうち、希薄な限界を燃焼下限界又は燃焼下限値、濃厚な限界を燃焼上限界又は燃焼上限値と称します。

　可燃性液体の引火点と可燃性蒸気の燃焼範囲は、それぞれ物質により固有の値が決まっています。

　余談ですが、可燃性蒸気の燃焼範囲（爆発範囲）より濃度が高いことをベーパーリッチ、濃度が薄いことをベーパープアと呼ぶことがあります。このベーパーリッチやベーパープアの状態では、火源があっても燃焼や爆発が起こりません。

(2) 発火点

　可燃性物質を空気中で加熱していくと、その物質自体の温度が上昇し、火源を用いて点火しなくても、発火燃焼が起こります。この温度のことを発火点といいます。

　てんぷら鍋をコンロで加熱する場合、そのまま加熱を続けると、てんぷら油の温度が350℃から400℃（油の原料や量により異なります）になると、発火燃焼し、いわゆるてんぷら鍋火災になります。この温度が発火点・発火温度といわれるものです。

　可燃性物質については、引火点や発火点が低く、可燃性蒸気の燃焼範囲が広いものがより燃焼（爆発）危険が高いといえます。

146

付録　火はなぜ燃えるのだろう？

可燃物	引火点（℃）	発火点（℃）	燃焼範囲（vol.%）
ガソリン	− 30 以下	約 300℃	1.4 ～ 7.6
メチルアルコール	11	464	6.0 ～ 36
エチルアルコール	13	363	3.3 ～ 19
灯油	40 ～ 60	220	1.1 ～ 6.0
アセチレン	—	305	2.5 ～ 81
硫黄	—	232	—
木材	—	250 ～ 260	—
新聞紙	—	291	—
木炭	—	250 ～ 300	—

出典：平成27年版理科年表（国立天文台編）、
平成26年度版危険物取扱者必携実務編（全国危険物安全協会）

主な可燃物の引火点、発火点、燃焼範囲

②自然発火

　自然発火は、人為的に火をつけなくても出火する現象を言います。

　自然発火には、酸化による発熱・蓄熱発火、発酵による発熱・蓄熱発火などがあります。一般に、可燃性物質が空気中で自然に酸化反応を起こして発熱し、その熱が長期間にわたり蓄積してさらに反応が進み、発火温度に達して燃焼を開始するという経過をたどります。自然発火は、酸化反応熱の蓄積が条件になります。物質の熱伝導率が小さく、通風しない状態で置かれていると、熱が蓄積し易くなります。

　また、化学的に不安定な物質も自然発火することがあります。例えば、消防法の危険物で第3類に該当する自然発火性物質として代表的な「黄リン」は、約60℃で自然発火し、常温でも微細な衝撃により発火することがあります。

147

5 連鎖反応によって燃焼は継続していく

　可燃性物質が燃焼を始めると反応熱が発生し、その熱によって燃焼している部分の周辺が加熱されてより高温になり、燃焼が継続し易い状態が連続的に起きる、いわゆる「連鎖反応」が起こります。燃焼が継続するためには、酸素が十分に供給され、燃焼による熱エネルギーにより可燃性物質中の分子が活性化（反応し易い状態になること）し、熱分解が促進されて継続的に酸化反応が続くことが必要となります。

　例えば、木材を加熱していくと、200℃付近で木材の成分であるセルロースやリグニンなどが熱分解を開始して、一酸化炭素や水素などの可燃性ガスと、二酸化炭素や水蒸気などの不燃性のガスを発生します。250℃以上になると更に熱分解の速度が大きくなり、ここでライター等の火源を近づけると可燃性ガスに引火して燃焼を開始し、燃焼状態がより加速されます。やがて可燃物の分解が終了した部分は、燃焼残留物として灰になっていきます。このような現象は、可燃物が無くなるまで継続するのです。

　この時の継続燃焼時の燃焼速度は、①可燃物と酸素との結合力、②反応する際の発熱量（酸化発熱量）、③可燃性蒸気の発生速度、④可燃物の物性（密度、引火点、発火点等）、という条件に大きく依存します。

　燃焼速度が極端に遅いと、発熱量よりも拡散する熱の速度の方が大きくなり、可燃物の継続燃焼に必要な熱エネルギーが得られないため、

POINT

　連鎖反応がうまく継続しないと燃焼はやがて小さくなり、火は消える。

徐々に熱エネルギーが小さくなり、酸化反応は継続しません。一方、気体燃料や液体燃料など、酸化反応の速度が極端に速いものは、反応が短時間に起こって急激な燃焼状態となり、いわゆる爆発となります。

①気体の燃焼 ― 予混合燃焼と拡散燃焼

　気体の燃焼は、酸素の供給形態により、予混合燃焼と拡散燃焼とに分けられます。予混合燃焼とは、可燃性ガスと空気（酸素）があらかじめ混合された状態で燃焼することをいい、ガスコンロの火炎が代表的なものです。

　拡散燃焼とは、酸素が周囲から自然に供給されて可燃性ガスともに燃焼することをいい、アルコールランプやロウソクの燃焼が代表的なものです。

②液体の燃焼 ― 蒸発燃焼

　ガソリンやエチルアルコールなどの可燃性の液体は、液体表面から発生する可燃性の蒸気と空気が混じりあい、その濃度が燃焼範囲内にある場合に、火源があれば着火し、液体表面上で燃焼します。そして、燃焼により液温が上昇し、さらに可燃性の蒸気が発生することにより燃焼を継続します。

③固体の燃焼 ― 表面燃焼・分解燃焼・蒸発燃焼

　可燃性の固体の燃焼には、①木炭のように、固体自体は熱分解せず、表面で酸素と直接結合する表面燃焼、②木材のように、固体が熱分解して発生した可燃性の蒸気が燃焼する分解燃焼、③硫黄のように、加熱により固体自体が蒸気を発生（昇華）して燃焼する蒸発燃焼があります。

<table>
<tr><td>6</td><td>燃焼がコントロールできなくなると
“火災”になる</td></tr>
</table>

燃焼現象がコントロールされていれば火災ではありませんが、意に反して出火し被害が発生したり、故意に他人の所有物等を燃焼させると火災となります。春先に行われる野焼き・山焼きは、植生を維持することを目的に、安全管理体制の下で行われるので火災ではありませんが、河川敷の枯草が投げ捨てられたたばこにより燃焼した場合は火災となり、消火活動の対象になります。また、建物内で、都市ガスや液化石油ガス等の可燃性ガスが漏えいし、爆発するような現象も火災となります。

①燃焼が火災となるとき

火災には、郵便受け内のチラシへの放火などの小さなものから、石油コンビナートでプラント設備が爆発を起こして長時間にわたり炎上するなどの大規模なものまで、様々な種類・規模のものがあります。

消防機関では、火災報告取扱要領（消防庁）に基づき、

①人の意図に反して、又は放火により発生する

②消火の必要のある燃焼現象である

③消火設備などを使用する必要がある

という3条件を満たす燃焼現象を火災として定義しています[注1]。ただし、爆発現象[注2]については②や③の条件の如何にかかわらず、人の意図に反して発生するか拡大したものを火災としています[注2]。

POINT

燃焼現象は社会生活に必要不可欠で通常は人間がコントロールしてるので問題ないが、そこから外れると火災となる。

付録　火はなぜ燃えるのだろう?

　③の「消火設備など」については、消火器に限らず、近くにある何らかの物を使用したり、足で踏み消したりするなど、消火するためのものを使用して消火する必要があると認められる燃焼現象であると解釈されています。

注1）火災とは、「人の意図に反して発生し若しくは拡大し、又は放火により発生して消火の必要がある燃焼現象であって、これを消火するために消火設備又はこれと同程度の効果のあるものの利用を必要とするもの、又は人の意図に反して発生もしくは拡大した爆発現象をいいます。

注2）爆発現象とは、化学的変化による爆発の一つの形態であり、急速に進行する化学反応によって多量のガスと熱を発生し、爆鳴・火炎及び破壊作用を伴う現象をいいます。例えば、石油ストーブを使用中に何らかの原因により急激に炎が大きく立ち上がるといった現象は、周囲の可燃物を燃焼させていなければ異常燃焼であって火災ではありません。

②爆発も火災

　前述したように、可燃性ガスの爆発や微細な金属粉の粉じん爆発などの急激な燃焼反応による爆発は、継続燃焼をしなくても火災として扱われます。しかし、気体や液体が入った容器の内圧が上昇して、燃焼反応を起こすことなく単に容器が破裂する現象は火災とは扱われません。

　爆発現象には2種類あり、炎の伝播速度が音速未満であって衝撃波が発生しないものを爆燃といい、音速を超えるものを爆轟（ばくごう）といいます。爆轟は、爆燃に比べてずっと激しい衝撃波が発生し大きな被害が生じます。

※保険各社の火災保険については、その約款で「爆発・破裂」については、気体または蒸気の急激な膨張を伴う破裂またはその現象による衝撃、破損の損害と記載されています。

151

では、火災になった時、火はどうすれば消えるのか

　火は燃えるものが無くなれば、消えます。「燃えるものを無くす」という消火方法の代表的なものに「破壊消防」があります。江戸時代の消火の主力でした。現代でも、消防法に破壊消防を行う場合の規定があります。山火事の場合に木を切り倒し防火帯を作るのも、この破壊消防の一種です。

①火は水をかけると消える？
　火が水で消えることは、山火事が雨により消えることで知ったと考えられます。火災を消すには、大量の水が必要となりますが、この水を火災部分に効率よく運び、消火するには、知恵と技術が必要です。江戸時代には、町角に消火用水を入れた大きな桶と、バケツ代わりの小さな桶が設置され、火災に備えていました。

②火は酸素がなくなると消える？
　前記のように火が燃焼するには酸素が必要です。ですから酸素濃度を低下させる又は遮断することにより消火できます。
　広口瓶に点灯したろうそくを入れ、蓋をすると、暫くの間燃えていますが、ろうそくの燃焼で空気中の酸素が使われるため、徐々に炎が小さくなり、酸素が無くなった時、炎は消えます。

POINT

　火を消すためには、燃焼を継続させるために必要な条件のうちどれかひとつでもたち切ればいい。

付録　火はなぜ燃えるのだろう？

③火を叩くと消えるのは？

　比較的小さな火は、タオルや木の枝などで叩くと、消えることがあります。叩くときの勢いで燃える物を吹き飛ばす、瞬間的に酸欠にする、炎を吹き消す、冷却する等などの複合的な消火効果が作用し、叩く勢いが火に負けなければ消火できます。

④火が消えるのはなぜ？

　火が燃えるには、燃える物、酸素及び熱のすべてが必要です。このため、これらのうちのどれか一つでも取り除くと、消すことができます。

　燃える物が無くなれば、消えるのは当然です。水をかけると、燃えている物が水で冷やされて温度が下がり、又は水や水蒸気におおわれて酸素が無くなって消火します。燃えている物の周囲が水に濡れることにより、燃え続けるのにより多くの熱が必要になり、その熱が供給できないため消火することもあります。これは、燃える物が無くなったのと同じことだと考えることもできます。

　一方、水をかけると危険な場合があります。てんぷら油が燃えだした時に水をかけると、水が一気に沸騰して水蒸気になり、その勢いで油が飛び散り、周りの物に火が移ることもあり、消すことはできません。また、ガソリン火災の場合、水をかけるとかえって炎が大きくなり、また水より軽いので、水に浮いて火災が広まってしまいます。

　このような火災を消火するのに使用されるのが、水以外の消火剤の入っている消火器です。消火器の中には、炭酸ガスなどの、燃えない液体や気体が入っており、これをホースで放出し、燃えている物を包み込むことにより、冷却したり酸素を希釈又は遮断したりして消火します。

153

8 ほとんどの火は、水で消せる！

　水は、最も身近にある消火剤ですが、原理的にはほとんどすべての火災を消すことができます。金属ナトリウムなどの特殊な火災を除けば十分な量の水を一気にかけることにより、急激な冷却と水蒸気による酸素の希釈・遮断が起こって消火ができます。

　油火災でも、原理的には、大量の水を一気にかければ消火することができますが、油面が広いと燃焼が激しいので、実際に行うのは難しいでしょう。

　一般に山火事は、乾燥している季節（太平洋側では冬期や春先の草木が芽吹く前など）に発生します。この時に雨が降れば、火災が徐々に収まるので消火も可能になりますが、通常は水を大量にかけることが難しいため、消火に手こずることも珍しくありません。

　大規模な山火事や石油タンクの火災の場合、大量の水を一気にかけることは技術的にはなかなか難しいといえます（ボイルオーバーとスロップオーバー）。

①水で消せる火災
　一般に木材、紙、繊維などが燃える火災は、水で消火することができます。水をかけることで急激な冷却と水蒸気による酸素の希釈・遮断により直接火を消すほか、燃える物が濡れることにより、延焼拡大や再燃

POINT

　水は火を消すための手段として大きな力を発揮するが、注意が必要な場合もある。

付録　火はなぜ燃えるのだろう？

をおさえて消火します。

②水で消せない火災

　水で消すことが難しい火災の代表例は、油火災（石油類その他の可燃性液体、半固体油脂類などが燃える火災）です。油火災は、一般に燃焼速度が速く、発熱量も大きく、水のみでは十分に冷却できず、水分が急激に蒸発するなどの爆発的な現象が生じることもあります。また、消火水により、水より軽い油が広範囲に拡大する恐れもあります。

③水を大量に放水することができるもの

　普通の火災の場合、消防ポンプ車からは、消防隊員が持つホース・ノズル1口当たり1分間に350ℓの水が放水されます。

　石油タンク火災の消火に使用する大容量泡放射砲システムは、1分間当たり3000ℓから1万ℓの泡水溶液を放水することができますが、ポンプや送水用ホースなどが大きくなり、迅速に移動して使用することが難しいといわれています。

ボイルオーバー：石油タンクの火災が長時間続いた場合などに、タンク内の熱対流により下降した高温の油によって、タンクの底部にたまっている水が沸騰し突沸して、油を爆発的に押し上げて巨大な炎を吹き上げるのと同時に、多量の油をタンク外に飛散させる現象をいいます。石油タンクの火災では最も危険な現象とされています。

スロップオーバー：火災となっている石油タンクに水が注入された時、その水が高温の油に触れて、急激に沸騰し噴出する現象をいいます。ボイルオーバーより小規模な現象ですが、燃えている油が飛散して火災を引き起こしたり、ボイルオーバーを誘発したりすることもあります。

155

おわりに

　本書を読んで頂くと、昔ながらの生活スタイルを続けていると、火災を起こしやすかったり、火災で亡くなったりしやすいことがおわかり頂けると思います。

　鉄筋コンクリートのマンションに住み、暖房はエアコンや温風暖房機、調理は電磁調理器、お風呂は給湯器やボイラー、煙草は吸わず、蚊取り線香も使わず、仏壇がないのでロウソクや線香に火をつけることもない、子供がいないので火遊びの心配もない、そもそも家の中にマッチやライターもない、などという住生活を送っている方は、本書で述べたようなリスクはほとんどないと言ってもよいでしょう。

　我が家も、電磁調理器ではなくガスレンジを使っており、震災用にマッチやライターを準備している以外は、上記のような生活をしています。火災リスクはあまり高くないと考えていますが、心配なのは電気火災と、自宅や自分自身の老朽化です。

　数年前、友人が外国製の省エネ型電熱製品を使っていて火災になり、自宅が全焼してしまったことがありました。火災の専門家ですから、本書に書いてあるようなことは当然やっていたということですが、火の回りが早く、起きている時間帯だったにもかかわらず、避難するだけで精一杯だったようです。火災になると、たとえ命は助かっても、大事なものが本当に全部無くなってしまうことがよくわかったと言っていました。建物や家財は火災保険で何とかなったということですが、思い出の品や大事な研究資料がすべて無くなり、本当にしょげていました。私たち専門家でも、電気火災のリスクは大きいということです。

　我が家では、エアコンを極力使わないようにしている代わりに、古い扇風機を幾つか使っています。買い換えずに使い続けている古い電気器

具はほかにもあり、劣化しているのではないかと心配です。最近、古い扇風機からの出火事例が多くなっていることもあり、古い電気器具はそろそろ買い換えなければと思っているのですが、ついおっくうになって、多くはそのまま使っています。古いマンションなので電気コンセントの数が限られているのに電気器具は増えているので、たこ足配線に近いようなことはせざるを得ません。壁の中にある電気配線の劣化の状況も心配です。私は団塊の世代なので、認知能力、判断力や体力が年々衰えていくこと（自分自身の劣化）も避けられません。家人が鍋をかけて火をつけたまま忘れてしまいヒヤッとするなどということもありました。

　というわけで、私自身も少なからぬ火災リスクに囲まれていることは否定できませんが、そのことは常に心の隅に置くようにしています。先日、住警器の電池が切れたのをきっかけに、無線連動型（どの部屋で火災が起きても、すべての住警器が警報を発するタイプ）のものに買い換えました。ガスレンジが壊れたときには、消し忘れると自動的に消えるなど、様々な安全装置がついているものに買い換えました。私も本書に書いてあることを全部実行できているわけではありませんが、買い換えなどの節目の時に、リスクを少しずつでも減らしていくことを心がけています。

　本書を読んで頂くような方は、我が家以上に火災リスクの少ない生活をされているのではないかと思いますが、それでもリスクゼロというわけにはいきません。本書で得た知識を機会があれば思い出し、少しずつでも火災リスクを減らしていただければと願っています。

平成29年9月

小林　恭一

【参考文献】

・小林恭一，住宅防火元年，消防科学と情報，No22（秋期），p26-p33，（財）消防科学総合センター，1990年

・小林恭一，火災が起きたとき，家庭の防災知識，p204-p232，新日本法規出版（株），1996年7月

・小林恭一，住宅防火対策が「今」になるまで，月刊フェスク，'09.2，p2-p9，（財）日本消防設備安全センター，2009年2月

・辻本誠，火災の科学～火事の仕組みと防ぎ方，中央公論社，2011年

・小林恭一，超高齢社会と住宅防火対策，第54回火災科学セミナーテキスト，p1-p14，日本火災学会，2015年10月

【写真提供】

・マルヤマエクセル株式会社　75P（中）、113P

・モリタ宮田工業株式会社　75P（右）、76P

・セコム株式会社　110P

・東京都葛飾福祉工場　115P

・第一通商株式会社　134P

・株式会社コロナ　135P

【著者略歴】

小林　恭一（こばやし・きょういち）

東京理科大学総合研究院教授。博士（工学）。東京大学工学部建築学科を卒業し、1973年建設省入省。建築指導課を経て、1980年に自治省消防庁に移り、東京消防庁、静岡県防災局にも勤務。長く火災予防行政に従事し、予防課長として消防法の性能規定化、雑居ビル対策、住宅防火対策の法制化などを実施。危険物災害、特殊災害、東海地震等の対策と危機管理にも従事。2006年国民保護・防災部長を最後に退官。2008年に東京大学で博士号（工学）を取得し、現職。著書に、「まちづくりがわかる本」、「家庭の防災知識」、「環境・災害・事故の事典」、「建築法令キーワード百科」、「建築ストック社会と建築法制度」、「災害危機管理論入門」、「危機管理方法論とその応用」、「よくわかる火災と消火・防火のメカニズム」、「消防業務の法律相談～予防編～」など（いずれも共著）。「高齢者福祉施設における実践的な火災安全思想の啓発・教育活動」で、2014年度日本建築学会教育賞（教育貢献）を受賞。

図解よくわかる

住宅火災の消火・避難・防火　　　　　NDC524.94

2017年9月30日　初版1刷発行　　　　　定価はカバーに表示されております。

	©著　者	小　林　恭　一
		住　宅　防　火　研　究　会
	発行者	井　水　治　博
	発行所	日　刊　工　業　新　聞　社

〒103-8548　東京都中央区日本橋小網町14-1
電話　書籍編集部　　03-5644-7490
　　　販売・管理部　03-5644-7410
　　　FAX　　　　　03-5644-7400
振替口座　00190-2-186076
URL　http://pub.nikkan.co.jp/
email　info@media.nikkan.co.jp

印刷・製本　新日本印刷
本文イラスト　葛窪真紀子（くずくぼ まきこ）

落丁・乱丁本はお取り替えいたします。　　　2017　Printed in Japan
ISBN 978-4-526-07741-8

本書の無断複写は、著作権法上の例外を除き、禁じられています。

日刊工業新聞社の好評図書

図解よくわかる
火災と消火・防火のメカニズム

東京理科大学大学院　国際火災科学研究所教授　小林恭一　編著

鈴木和男・向井幸雄・加藤秀之・渋谷美智子・清水友子　著

A5判　192ページ　定価2,000円＋税
ISBN 978-4-526-07429-5

　火災は、人類が大昔から悩まされてきた最も身近な災害の一つですが、そのメカニズムの解明や消火、防火の手法も古くから研究され、対策も実践され、今日では火災による被害はずいぶん少なくなってきました。一方で、超高層ビル・地下街・巨大複合ビルなどの急増、プラスチック系可燃物の種類や使用量の増大など、都市や建築物における火災の潜在的危険性は増大しているように見えます。そこでこの本では、火災はどのようなメカニズムで起こり、火災を起こさないためにはどうすべきか、そして、発生してしまったらどうすべきか、また、安全に避難するために建築物にどのような対策が施されており、それをどう使えば安全に避難できるのかなどを消防や防火のジャンルで長くこの問題に取り組んで来た専門家が易しく解説しています。